人工智能时代

智能感知技术应用研究

申时凯　佘玉梅◎著

吉林大学出版社
·长春·

图书在版编目（CIP）数据

人工智能时代智能感知技术应用研究 / 申时凯，佘玉梅著.— 长春 ： 吉林大学出版社， 2023.1
ISBN 978-7-5768-0356-3

Ⅰ. ①人… Ⅱ. ①申… ②佘… Ⅲ. ①人工智能一感知一研究 Ⅳ. ① TP18

中国版本图书馆 CIP 数据核字（2022）第 164257 号

书　　名：人工智能时代智能感知技术应用研究
RENGONG ZHINENG SHIDAI ZHINENG GANZHI JISHU YINGYONG YANJIU

作　　者：申时凯　佘玉梅　著
策划编辑：邵宇彤
责任编辑：张文涛
责任校对：刘守秀
装帧设计：优盛文化
出版发行：吉林大学出版社
社　　址：长春市人民大街4059号
邮政编码：130021
发行电话：0431-89580028/29/21
网　　址：http://www.jlup.com.cn
电子邮箱：jldxcbs@sina.com
印　　刷：三河市华晨印务有限公司
成品尺寸：170mm×240mm　16开
印　　张：12.5
字　　数：222千字
版　　次：2023年1月第1版
印　　次：2023年1月第1次
书　　号：ISBN 978-7-5768-0356-3
定　　价：78.00元

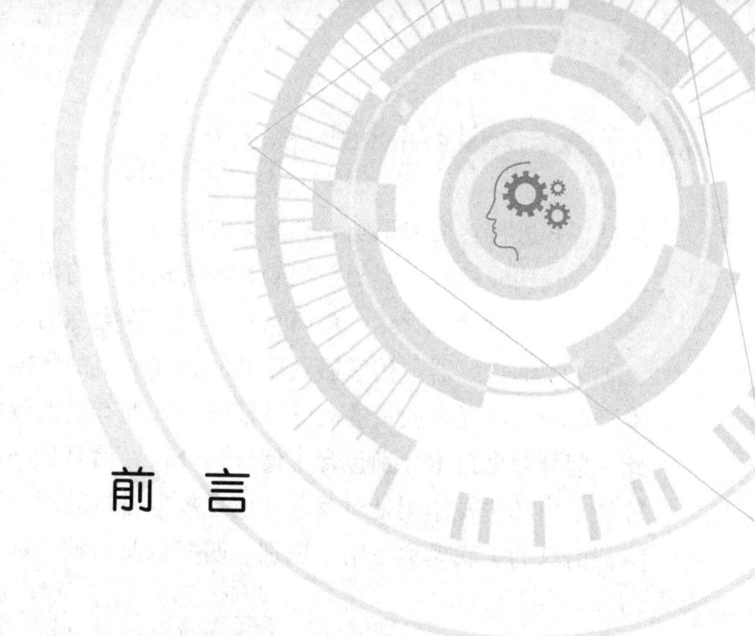

前 言

本书基于人工智能时代的大背景，对智能感知技术进行了详细介绍。人工智能即我们通常提到的 AI（artificial lntelligence），主要是指人类通过机器的学习来研究、模拟、延伸和扩展人的智能。更进一步来说，人工智能是人类对机器做出具体的信息设定，使机器模仿人的思维活动，进而在设定信息的指引下做出解决问题的动作甚至是扩展行为。谈到人工智能这门学科，就不得不提到人类智能，通常来说“人工智能”与“人类智能”相辅相成。人类无时无刻不在通过眼、耳、鼻、舌等器官来摄取环境的信息，动物也是同样通过各自的器官获得环境信息。对于无生命的机器来说，若要体现出类人的智能，首要就先考虑如何感知环境的信息。由于机器人具有和人类相似的逻辑思维，也就是智能机器人的“大脑”，因此，这种具有“大脑”的机器人才是人类在人工智能背景下真正要研究的机器人。

在我们的日常生活中，像智能语音和人脸识别这类设备的技术主要集中于“感知智能”的水平上。怎样使机器模拟人的大脑获取、理解、推理和决策外部的信息，以及如何有效精确地感知外部环境的信息也是目前人工智能发展阶段正在解决的问题。

随着机器人技术的发展，任务的难度越来越大。感知技术给机器人以感觉，提高了机器人的智力，也为其高精度、高智能的工作提供了依据。传感器是一种能够感觉外界环境并根据特定的规律将其转换为输出信号的设备，这是机器人的主要信息来源，从生物学的角度来看，可以将计算机看作处理和识别信息的“大脑”，把通信系统看作传递信息的“神经系统”，传感器就是“感觉器官”。传感器技术是一种多学科交叉的科学技术，它从环境和过程中获取信息，并进行转换和识别。机器人的感知系统一般由多种传感器或者视觉系统组成，且构成机器人感知系统或者控制机器人的传感器是多种多样的，包括视觉、力觉、触觉、听觉、距离觉及平衡觉等类型的传感器，本书详细阐述了前三种类型的传感器。传感器获取其所感知环境的数据信息的质量取决于传感器本身的功能状况和质量的高低，使机器人拥有更高效的感知系统的关键也在于此。信号处理技术分别包含了信号预处理、信号后处理，以及特征提取和选择等技术，其主要作用是对获取的信息数据进行处理、辨识并分类。识别目标与特征信息的关联模型可用于识别、匹配以及对输入数据特征数据集进行分类和估计。

机器人的感知系统相当于人的感觉器官和神经系统，可以将机器人的各种内部信息和一些外部环境信息转化为机器人或者机器人与机器人之间能够理解和应用的数据或者知识，它和机器人的控制系统以及决策系统一起组成机器人的核心。机器人的任何行动都是从感知外界环境开始的，如果开始的过程中遇到了阻碍，那么之后的行动就失去了支撑和依托。也就是说没有传感器组成的感知系统的支持，就和人失去了眼睛、耳朵等感觉器官一样，因此一个机器人的智能行动很大程度上取决于它的感知系统。

未来智能感知技术的发展应首先将关注点放在智能机器人上，未来的智能机器人将拥有各种智能传感系统以及更高程度的机器视觉、听觉、触觉和嗅觉，最重要的是具备更强大的“大脑”来进行学习推理。此类智能机器人有与人类极其类似的感知模式，可以完全理解人类的语言，能够根据感知到的信息进行智能判断和推理。然而，在全球定位、目标识别和障碍物检测等方面还有很多问题需要解决。

本书由昆明学院申时凯、云南民族大学佘玉梅两位教授共同策划，其中，第 1 章～第 5 章由申时凯撰写，第 6 章～第 9 章由佘玉梅撰写。

本书的研究工作得到了国家自然科学基金项目（61962033）、云南省应用基础研究计划高校联合重点项目（2018FH001-010）、昆明市物联网应用技术科技创新团队（合同编号：昆科计字 2016-2-R-07793 号）、云南省高校数据治理与智能决策重点实验室以及云南省李正强专家工作站的资助。

本书在编写的过程中参阅了很多相关的文献资料，在此，谨向这些文献资料的作者表示诚挚的感谢。

由于本人水平有限，加之智能感知技术发展日新月异，书中难免有不足之处，恳请各位专家、读者批评指正。

申时凯　佘玉梅

2022 年 1 月于昆明

目　录

第1章 人工智能时代

我们正处于人工智能的时代，这个时代的到来是人类不断发展的结果。人类的发展史即人类从古至今创造、制造并使用工具的一个过程，不同阶段使用的工具也反映着人类生活发展的水平。回顾过往的几十年，随着经济的飞速发展和计算机科学水平的提高，无论是在日常生活还是工作现场，智能机器人都是人工智能时代不可缺少的一部分。

1.1 人工智能概述

1.1.1 人工智能的定义

人工智能即 AI（artificial intelligence），主要是指人类通过机器的学习来研究、模拟、延伸和扩展人的智能。[①] 谈到人工智能这门学科，就不得不提到人类智能。通常来说“人工智能”与“人类智能”相辅相成，可以说人类智能是人工智能的雏形，也可以说人工智能起源于人类智能，是人类智能的一种人工实现。更详细地来说，人工智能是“机器根据人类提供的初始信息生成和调度知识，然后在目标的指导下从初始信息和知识生成问题解决策略，并将智能策略转化为解决问题的智能行为的能力”。

人工智能作为一门新的技术科学，是计算机学科的一部分。同时，其主要是研究开发一种能够帮助人类的智能实体，从这一点来看，它也属于工程学的范畴，包括了数学、逻辑学、统计学、控制学、系统学和计算机科学。此外，它也可以说是一个交叉类学科，因为其中还存在哲学、语言学、生物学、神经科、仿生学和心理学等学科的研究，因此说人工智能是一门顶尖的综合学科，

① 任友群．人工智能 [M]. 上海：上海教育出版社，2020:4,

它的范围已经不限于计算机科学的范畴[1]。人工智能和思维科学的关系可以说是实践和理论的关系，实践和理论相辅相成，且科学的理论对实践具有积极正面的指导意义。人工智能也不光局限在逻辑思维的范畴，它还需要考虑形象思维、灵感思维，且多维度的思考使人工智能的发展更具潜力。数学作为一门基础学科，在人工智能学科中也是必不可少的，人工智能学科也需要以数学为基础，运用数学工具、数学逻辑来促进其更快地发展。

人工智能与思维科学的关系可以看作是实践与理论的关系。人工智能处于思维科学的技术应用层面，是思维科学的一个应用分支。从思维的角度来看，人工智能不局限于逻辑思维、形象思维和灵感思维，只有充分考虑才可以促使人工智能获得突破性发展。

近些年来，人工智能在计算机领域发挥着越来越重要的作用，也得到了研究人员的重视，尤其是在机器人、控制系统和仿真系统中得到的应用愈加广泛。

著名的美国斯坦福大学人工智能研究中心的尼尔斯·约翰·尼尔森（Nils John Nilsson）① 教授对人工智能下了这样的一个定义:“人工智能是关于知识的学科——怎样表示知识以及怎样获得知识并使用知识的科学。”美国的麻省理工学院 MIT 人工智能实验室的帕特里克·温斯顿（Patrick Winston）② 教授则认为“人工智能就是研究如何使计算机去做过去只有人才能做的智能工作。”尽管两位教授是从不同的角度出发对人工智能进行定义，但是这两种定义都解释了人工智能的基本概念和内容，并探索了使计算机具备人的思维、智力也就是探索如何通过使用计算机软硬件模拟人的智能行为的基本理论、方法和技术。

1.1.2 智能的种类

1. 生物智能

生物智能顾名思义是生命体的智能，而对于低级动物来说，它的智能体现在因某种需求而做出的某些行为，如躲避天敌、觅食、领地的占领、求偶、生育以及照顾后代，等等。简而言之，低级动物的生存与繁衍便是一种生物智

① 尼尔斯·约翰·尼尔森（Nils John Nilsson，1933—2019），人工智能领域的开创者之一，斯坦福大学计算机首位 Kumagai 教授，曾在 1958 年获得斯坦福大学电子工程博士学位，研究领域包括搜索、规划、知识表示和机器人技术等。

② 帕特里克·温斯顿（Patrick Winston，1943—2019），麻省理工学院教授，计算机科学家，MIT 人工智能实验室的前主任。

能。所以，单从某一单独的个体来看，生物智能是生物体为实现自身的某种需求从而产生正确行为的生理反应机制。在自然界的生物体中，智能水平最高的就是人类，其除了具有极强的创造力，还具备对外界复杂环境的感知、对各类物体的识别、对需求的表达以及对知识的认识和获取等一系列的复杂的思维逻辑和判断能力。

2. 人类智能

有研究人员研究分析，人类智慧包含人类智能，即人类智能是人类智慧的子集。“智能”与“智慧”两词虽有一字之差，但却有着非常紧密的关系，同时也有着明显的不同。通常来讲，“智能”的“能”多指人具有的一种能力，“能者多劳”便是很好的体现；而“智慧”的“慧”更多指人的认知和思维逻辑。

虽然地球上的各类生物都具有不同的智慧，但较人类智慧还是无法相提并论的，我们可以将人类智慧看作一种独特的能力，而这种能力最大的体现便在于人类对于世界的改造、对于生产生活水平发展的改善，人类智能就是人类首先凭借自身所学知识不断地发现问题—提出问题—解决问题的一个过程。具体地讲就是，人类首先需要凭借经验知识不断地发现问题，而这个问题是可能解决的问题，预先设定求解问题的目标，即认识世界；其次将预设求解问题这一目标领域内的知识作为初始信息，在初始信息的帮助下制定出解决问题的策略及行动，以此来达到问题求解的目的，即改造世界；如果问题求解的结果与目标值有一定的误差，则将误差值传送到输入处（初始信息），这个过程称为反馈，以此来学习和认识新的知识，对问题的求解方法进行优化，并改善其结果[2]。从反馈到重新学习再到优化这一过程可能会重复很多次，直到达到预设目标，若总是不能达到目标值，则需要修改预设的目标，重新进行问题求解，这一过程也称为在改造客观世界过程中改进自身。

以目前的人工智能水平来看，人类智能和人工智能的差异巨大。人类智能以大脑为核心，大脑的运行依赖于复杂的生命系统，有诸多的生理限制，而人工智能则以代码为基础，代码的运行依赖于现在的计算机技术，从而能够突破诸多生理的限制；人工智能可以做到极致，比如在毫秒之间完成复杂的数学计算，但是人类智能无法做到；人工智能没有情感、意识以及同理心，而人类智能能够有丰富多样的心理结构和情绪，以及自我约束的价值观。

1.1.3 人工智能的研究目标

对于人工智能学科具体的研究目标，目前为止还没有一个统一的解释，但是从研究的内容出发考虑，爱德华·费根鲍姆（Edward Albert Feigenbaum）[①]提出了人工智能的九个方面的目标。

1.理解人类的认识

这个目标研究的是人类如何思考，而不是机器如何工作，因此，应该努力深入了解人们的记忆、解决问题的能力、学习能力和一般决策过程。

2.有效的自动化

这个目标是用机器代替人来完成各种需要智能的任务，其结果是建立了与人一样出色的程序。

3.有效的智能拓展

这一目标是建立思维补偿机制，将有助于人们的思维更高效、更快、更深入、更清晰。

4.超人的智能

此目标是建立超越人类能力的程序。如果超越这一知识门槛，就可能导致进一步增殖，如制造业的创新、理论的突破、超人的教师和非凡的研究人员。

5.通用问题求解

对这一目标的研究可以使该程序解决或是至少尝试一系列超出其范围的问题，其中也涵盖了之前从未认识的领域。

6.连贯性交谈

这一目标与图灵测试相类似，是为了做到能够与人进行流畅的交谈，且在交谈中使用整齐的句式，而这整齐的句式是作为一种人类语言来进行交流的。

7.自治

这个目标是研究一个能够在现实世界中主动完成任务的系统。它与以下情况形成对比：仅在一个抽象空间中规划，在一个模拟世界中执行，并建议人们做某种事情。这个目标的思想是现实总是比人们的模型复杂很多，所以它也成为智能测试中判断其程序的唯一公平手段。

① 爱德华·费根鲍姆（Edward Albert Feigenbaum 1936— ），斯坦福大学计算机科学系教授，美国空军首席科学家，1994年获图灵奖，代表作品有《计算机与思想》《人工智能手册》。

8. 学习

此目标是建立一个可以选择收集某方面数据以及怎样收集数据的程序，然后对收集来的数据进行整理。学习就是总结经验，得到有用的思想、方法和启发性的知识，并以类似的方式进行推理。

9. 存储信息

这个目标是存储大量的知识。该系统应具有类似于百科全书词典的知识库，并包含广泛的知识。

为了实现这些目标，必须在开展智能机理研究的同时进行智能技术的研究。对于图灵所预想的智能机器，虽然没有提到思维过程，但这种智能机器的真正实现也离不开对智能机理的研究。因此，对人类智能的基本机理进行研究，利用智能机器模拟、扩展并延伸人类智能，才能够被称为人工智能研究的根本目标，或者说是长期目标。

人工智能研究的长期目标是制造智能机器。详细来说，就是使计算机智能设备具有视、听、说、动等感知和交互能力，还具有联想、推理、理解和学习的高级思维能力，以及分析、解决和发现问题的能力。换言之，使计算机具有自动发现和使用规律的能力，或自动获取和使用知识的能力，从而扩展人类的智能。

人工智能的长期目标涵盖了脑科学、认知科学、计算机科学、系统科学、控制论和微电子等多个学科，并依赖于这些学科的共同发展。然而，从这些学科的发展情况来看，实现人工智能的长远目标还需要很长的时间。

人工智能研究的短期目标是实现机器智能。研究如何将现在的计算机更加智能化，就是在一定程度上实现机器智能化，使计算机更加灵活、更加便捷和更加有价值，成为人类的智能信息的处理工具。由此一来，它可以使用知识来解决问题，并模拟人类的智能行为，如推理、思考、分析、决策、预测、理解、规划、设计和学习。想要达到这样的效果，人们需要根据现有计算机的特点，研究实现智能化的相关理论、方法和技术，并创建相关的智能系统[3]。

事实上，无论是短期目标还是长期目标都是相辅相成、相互依存的，其长期目标为短期目标指明了方向，而短期目标又为长期目标奠定了坚实的理论基础。此外，短期与长期目标之间并没有明显严格的界定，短期目标会根据人工智能发展的情况变化而变化，最终实现长期目标。

无论是人工智能研究的短期目标还是长期目标，摆在人类面前的任务都是极其艰巨的，还有很长的路要走。在人工智能的基础理论和物理实现方面还有许多问题需要解决。当然，如果只依靠人工智能科学家是远远不够的，还应该聚集心理学家、逻辑学家、数学家、哲学家、生物学家和计算机科学家等，依靠各领域科学家的共同努力，实现人类梦想的“第二次知识革命”。

1.2 人工智能发展史

1.2.1 人工智能的起源

莎士比亚在《暴风雨》中谈道：凡是过往，皆为序章。这句话的意思是过去发生的事情已经过去了，不需要回望，应当把握当下，放眼未来。在人工智能领域可以将其分为两种理解，一是过去已经无足轻重，但未来可期；二是人工智能的诞生就已经决定了未来的发展方向，因此需要研究它的过去。笔者认为应该将这两种理解结合来看，不仅需要回顾研究它的过去，更应该从过去的发展中得到些什么，从而使人类在人工智能领域面对更多挑战的时候能够从容应对。

人工智能并不是凭空出现的，早在17世纪的时候，法国的数学家、物理学家、哲学家布莱士·帕斯卡（Blaise Pascal）和德国的哲学家、数学家戈特弗里德·威廉·莱布尼茨（Gottfried Wilhelm Leibniz）便萌生了将数学符号形式化的想法，即创造一种人类通用的符号化语言，希望通过数理逻辑来解决认识等问题，因此这也被看作现代人工智能的萌芽[①]。

一直到1956年，在美国的达特茅斯学院（图1-1）举行的一次会议中，LISP语言的创始人约翰·麦卡锡（John McCarthy）、信息论的创始人克劳德·香农（Claude Shannon）、计算机科学家艾伦·纽厄尔（Allen Newell）、诺贝尔经济学奖得主赫伯特·西蒙（Herbert Simon）以及该次会议的组织者——人工智能与认知学专家马文·闵斯基（Marvin Minsky）在一起针对如何创造一种智能机器，使其可以模仿人的思维来解决问题进行了讨论。尽管会议持续了将近60天，几位科学家并没有得出一个显著的结论，但是在1956年的这次会议上提出了一个新的词汇——人工智能[②]。这份提案由诸多科学家共同完成，其中包括达特茅斯学院的约翰·麦卡锡、哈佛大学的马文·闵斯基、IBM的纳撒尼尔·罗切斯特以及贝尔实验室的克劳德·香农。自此，人工智

---

① 戴夫·邦德.人工智能[M].广州：广东科技出版社，2020:7,

② 李艳.人工智能[M].成都：四川科学技术出版社，2019:12,

能便获得了它的含义和使命。

图 1-1　达特茅斯学院

实际上，科学家们只是在 1956 年的会议上讨论了如何探索机器模仿人类的问题，并将其确定为“人工智能”，但真正意义上提出其概念的是英国的数学家、逻辑学家艾伦·麦席森·图灵（Alan Mathison Turing）[①]，如图 1-2 所示。[②]

图 1-2　图灵

1950 年，图灵撰写了一篇名为《计算机器与智能》（Computing Machinery and Intelligence）的论文并发表在 *Mind* 杂志上。在论文中，他写到了一个名为“模仿游戏”的游戏，其中包括两个人和一台机器，其中一人作为测试者，另一人和机器作为被测试者，将测试者与被测试者放在不同房间内，测试者向

① 艾伦·麦席森·图灵（Alan Mathison Turing，1912 年 6 月 23 日—1954 年 6 月 7 日），英国数学家、逻辑学家，被称为计算机科学之父、人工智能之父。1931 年，图灵进入剑桥大学国王学院，毕业后到美国普林斯顿大学攻读博士学位。

② 尼克．人工智能简史 [M]. 北京：人民邮电出版社，2017:8-11，

被测试者进行提问，测试者C对机器A和被测试者B进行提问，图1–3左侧房间内进行了回答，测试者C通过左侧房间的回答来判断是机器A进行了回答还是人（B）进行了回答，如果C的判断错误率超过了30%，就认为C无法很好的辨别A和B，即认为机器人有了人类智能。便可以说此机器具有了人类智能，这也就是后来著名的“图灵测试”（图1–3）。也就在当年，图灵还提出了机器真正具有人类智能的想法，也正是由于他对人工智能的启发，图灵被称为计算机科学之父、人工智能之父。

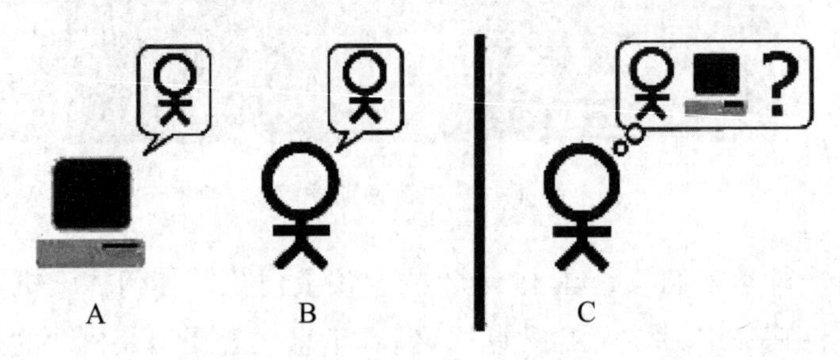

图 1–3　图灵测试

1.2.2　人工智能的五个发展阶段

人工智能经历了起起落落，其发展可谓跌宕起伏，但随着时间的推移，人类再一次把人工智能推向了高潮。

自1956年至今，人工智能在60余年间的发展历程可谓跌宕起伏，同时在这条道路上也充满着未知与挑战。至于人工智能是如何发展到今天的，下面将其发展历程分为五个阶段。

1. 人工智能的萌芽期

在1956年达特茅斯会议顺利结束之后便开启了人工智能的时代，这是一次具有历史意义的重要会议，它标志着人工智能作为一门新兴学科正式诞生了。此后，美国形成了多个人工智能研究组织，如纽厄尔和西蒙的Carnegie-RAND协作组、明斯基和麦卡锡的MIT研究组以及塞缪尔的IBM工程研究组等[4]。对于人类来说，这一阶段开发出来的程序可以用惊艳来描述，计算机可以解决代数应用题、证明几何定理、学习和使用英语。因此，自这次会议之后的10多年间，人工智能的研究在机器学习、定理证明、模式识别、问题求解、专家系统及人工智能语言等方面都产生了巨大影响力并取得了许多引人注目的成就。

1961 年，Leonard Merrick Uhr 和 Charles M Vossler 发表了题目为“A Pattern Recognition Program That Generates, Evaluates and Adjusts its Own Operators”的文章。该文描述了一种在模式识别程序设计中利用机器学习或自组织过程的方法。

1966 年，麻省理工学院的 Joseph Weizenbaum 在 ACM 上发表了题为“ELIZA–A Computer Program for the Study of Natural Language Communication Between Man and Machine”的文章。文章描述了叫作“ELIZA”的程序如何使人与计算机在一定程度上进行自然语言对话。他开发的最早的聊天机器人 ELIZA，被用于临床治疗来模仿心理医生。

1968 年，Edward Feigenbaum 提出首个专家系统 DENDRAL，并对知识库做了初步的定义，这也孕育了后来的第二次人工智能浪潮。该系统具有非常丰富的化学知识，可根据质谱数据帮助化学家推断分子结构。这个系统的完成标志着专家系统的诞生。

1975 年，Shortliffe 和 Buchanan 在文章“A Model of Inexact Reasoning in Medicine”中提出了一个针对医学科学的量化方案，试图模拟医学专家不精确的推理过程。这个系统名为“MYCIN”，是一个临床咨询程序，它可以辅助医生进行诊断决策，是第一个医学方向的专家系统。

从 20 世纪 60 年代一直到 70 年代初，由于人工智能发展初期的突破性进展大大提升了人们对人工智能的期望，所以人们开始尝试更具挑战性的任务，并提出了一些不切实际的研发目标。然而，接二连三的失败和预期目标的落空（例如，无法用机器证明两个连续函数之和还是连续函数、机器翻译闹出笑话等），使人工智能的发展走入低谷。

2. 人工智能的第一发展期

在 20 世纪 70 年代，人工智能实现了从理论研究到实际应用，从推理策略讨论到运用专门知识的重大进步，是因为在这一时期出现了专家系统模拟人类专家的知识和经验解决特定领域的问题，且专家系统在诸如医疗、化学、地质等许多领域都取得了成功，推进了人工智能走向应用发展新时期[5]。

1975 年，Marvin Minsky 在论文“A Framework for Representing Knowledge”中提出框架理论，用于人工智能中的“知识表示”。明斯基框架不是一种单纯的理论，其除了在数据结构上有单纯的一面外，在概念上是相当复杂的，它是针对人们在理解事物情景或某一事件时的心理学模型。

1976 年，Douglas B.Lenat 发表了博士论文“AM：An Artificial Intelligence

Approach to Discovery in Mathematics as Heuristic Search”。该文章描述了一个名为“AM”的程序，它模拟了初等数学研究的一个内容：在大量启发式规则的指导下开发新概念数学被认为是一种智能行为，而不是一种成品。一开始提供一百个非常不完整的模，每个模对应一个基本的集合论概念（如并集），这就为AM探索提供了一个明确而又巨大的“空间”，使AM扩展了它的知识库，最终重新发现了数百个常见的概念和定理。

1976年，由马尔（David Marr）明确提出的视觉计算理论（computational theory of vision），奠定了计算视觉领域的基础。它包含两个领域：一个是计算机视觉（computer vision），另一个是计算神经学（computational neuroscience）。他的工作对认知科学（cognitive science）也产生了很深远的影响。

1976年，Randall Davis 在斯坦福大学获得人工智能博士学位①，并发表文章“Applications of Meta Level Knowledge to the Construction,Maintenance and Use of Large Knowledge Bases”。此文提出，使用集成的面向对象模型是提高知识库（KB）开发、维护和使用的较为完整的解决方案。共享对象增加了模型之间的跟踪能力，增强了半自动开发和维护功能。抽象模型是在知识库构造过程中创建的，推理则是在模型初始化过程中执行的。而在这个时期，大家对人工智能的热情逐渐褪去，人工智能的发展也进入了一轮跨度将近十年的“寒冬”。

3. 人工智能的低迷期

在20世纪80年代到90年代中期。随着人工智能的应用规模不断扩大，专家系统存在的应用领域狭窄、缺乏常识性知识、知识获取困难、推理方法单一、缺乏分布式功能，以及难以与现有数据库兼容等问题逐渐暴露出来[6]。

尽管取得了一些成功，但是人工智能的研究成果仅仅局限于解决基本问题。科学家们想要对其做更深入的研究，但这需要付出的不仅是精力，还有有限且昂贵的计算能力。

1976年，世界上最快的超级计算机的执行速度是每秒执行大约一亿次指令。相比之下，Moravec 在1976年的研究表明，即便是人类视网膜上的边缘匹配和运动检测能力，也得需要一台计算机以十倍的速度执行这样的指令，然而，人类有将近860亿个神经元和一万亿个突触，使用中提供的数据进行的基本计算表明，想要创建一个这样规模的感知器需要花费将近1.6万亿的美金，

① 李成严，高峻. 人工智能[M]. 哈尔滨：东北林业大学出版社，2009:6-9.

相当于消耗整个美国一年的 GDP。

后来由于科学家不明白人类大脑的功能，尤其对于创造力、推理和幽默背后的神经机制不了解，对机器学习程序应该模仿什么缺乏根据，也使得人工智能理论的发展受到了阻力，最后，先驱们发现，他们严重低估了想要研发一台可以模仿游戏的人工智能电脑的困难程度。例如，1969 年，Minsky 和 Papert 出版了《感知机》一书，其在书中指出了 Rosenblatt 的一个隐藏的层感知器的严重局限性。这本书是最早谈论人工智能的书籍之一，同时也让人们了解到了感知器的不足，这本书在近十年的时间里对神经网络的研究起到了严重的阻碍作用。

20 世纪 50 年代初，因为大肆的宣传，人们对人工智能又产生了期望，在 1973 年没有实现目标时，美国和英国政府撤回了对人工智能的研究经费，虽然日本政府在 1980 年暂时提供了额外的资金，但在 80 年代后期，很快也就破灭了，并且再次收回投资。因为当时对人工智能方面的研究完全停止了，这个时期也就被人们称为“人工智能的冬季”。事实上，在这段时间和随后的几年里，由于害怕被人说是狂热的梦想家，一些计算机科学家和软件工程师们都会避免使用人工智能方面的名词。

4. 人工智能的第二发展期

1995—2010 年，由于网络技术特别是互联网技术的发展，加速了人工智能的创新研究，促使人工智能技术进一步走向实用化。

1995 年，Corinna Cortes 和 Vladimir Vapnik 首次提出支持向量机（support vector machine）的概念，它在解决小样本、非线性及高维模式识别中表现出许多特有的优势，并能够推广应用到函数拟合等其他机器学习问题中。支持向量机是一类按监督学习方式对数据进行二元分类的广义线性分类器，其决策边界是对学习样本求解的最大边距超平面。

1997 年 5 月 11 日，举世瞩目的人机大战在经过 6 场拼杀后终于分出胜负。国际商业机器公司（简称 IBM）的“深蓝”（Deep Blue）计算机最终以 3.5 ：2.5 战胜了国际象棋大师加里·卡斯帕罗夫（Garry Kasparov），成为总奖金额 110 万美元的纽约国际象棋人机赛的赢家，并成为首台打败国际象棋世界冠军的电脑。IBM 公司表示，无论鹿死谁手，最后的赢家都是人类，因为“深蓝”的背后仍旧是人类为国际象棋对弈而设计的代码规则①。

---

① 尚福华，曹茂俊，杜睿山，等 . 人工智能 [M]. 哈尔滨：哈尔滨工业大学出版社，2008:4-6.

1998 年，Tim Berners-Lee 提出语义网（semantic web）概念。语义网的核心是，通过给万维网上的文档（如 HTML）添加能够被计算机所理解的语义（metadata），从而使整个互联网成为一个通用的信息交换媒介，其最基本的元素就是语义链接（linked node）。“semantic”就是用更丰 富的方式来表达数据背后的含义让机器能够理解数据；“web”则是 希望这些数据相互链接，组成一个庞大的信息网络，正如互联网中相互链接的网页，只不过基本单位变为粒度更小的数据。

2001 年，John D.Lafferty 提出条件随机场（conditional random fields，CRF）模型。该模型是在最大熵模型和隐马尔科夫模型的基础上，提出的一种判别式概率无向图学习模型，是一种用于标注和切分有序数据的条件概率模型，它在诸如分词、命名实体识别等许多自然语言处理任务中表现尤为出色。条件随机场模型最早是针对序列数据分析提出的，现已成功应用于自然语言处理（natural language processing，NLP）、生物信息学、机器视觉及网络智能等领域。

2003 年，latent dirichlet allocation（LDA）由 David M.Blei、Andrew Y.Ng、Michael I.Jordan 提出，主要用来推测文档的主题分布。LDA 是一种非监督机器学习技术，可以用来识别大规模文档集（document collection）或语料库（corpus）中潜藏的主题信息。它可以将文档集中每篇文档的主题以概率分布的形式给出，从而通过分析一些文档抽取出它们的主题分布后，便可以根据主题分布进行主题聚类或文本分类。

2005 年，波士顿动力公司（Boston Dynamics）推出一款四足机器人——Big Dog，被人们亲切地称为“大狗”，也正是这款四足机器人使波士顿动力公司名声大噪。该公司于 1992 年由 Marc Raibert 和其合伙人一起创办，开启了机器人研究的新纪元。

5. 人工智能的稳步增长期

2010 年至今，随着大数据、云计算、互联网及物联网等信息技术的发展，在感知数据和图形处理器等计算平台推动以深度神经网络为代表的人工智能技术飞速发展，大幅跨越了科学与应用之间的“技术鸿沟”，诸如图像分类、语音识别、知识问答、人机对弈及无人驾驶等人工智能技术实现了从“不能用、不好用”到“可以用”的技术突破，迎来爆发式增长的新高潮。

2010 年，Sinno Jialin Pan 和 Qiang Yang 发表文章“A survey on Transfer

Learning”，详细介绍了迁移学习的分类问题。文章指出，迁移学习的场景可分为三类：归纳式迁移、直推式迁移和无监督迁移。迁移学习是机器学习的一个重要分支，是指利用数据、任务或模型之间的相似性，将在原来领域学习过的模型，应用于新领域的一种学习过程。

Google 的自动驾驶技术开发始于 2009 年 1 月 17 日，并一直在该公司秘密的 X 实验室中进行。2010 年 10 月 9 日《纽约时报》透露其存在之后，谷歌正式宣布了自动驾驶汽车计划。该项目由斯坦福大学人工智能实验室（the stanford artificial intelligence laboratory, SAIL）的前负责人 Sebastian Thrun、510 系统公司和安东尼机器人公司的创始人 Anthony Levandowski 联合发起。2016 年 12 月，该部门从 Google 独立出来，更名为 Waymo。

2011 年，在 IBM 研发的“DeepQA”（深度开放域问答系统工程）的技术之上开发出了沃森（Watson）。沃森参与 Jeopardy 比赛，与 Brad Rutte、Ken Jennings 两人竞争，沃森最终赢得了胜利，并赢得了一百万美元的冠军奖金。沃森是一种能够回答自然语言提出的问题的问答计算机系统，主要由研究员费鲁奇博士（David Ferrucci）领导的研究小组在 IBM 的 DeepQA 项目中开发出来。Watson 以 IBM 的创始人兼第一任首席执行官 Thomas J.Watson 的名字命名。

谷歌知识图谱（Google knowledge graph）是 Google 的一个知识库，其使用语义检索从多种来源收集信息，以提高 Google 搜索的质量。知识图谱于 2012 年加入 Google 搜索，2012 年 5 月 16 日正式发布。Google knowledge graph 是 Google 一个相当有野心的计划，在这里，它不只是单纯的字符而被 Google 赋予了意义。

AlexNet 是一种卷积神经网络，由 Alex Krizhevsky 设计，并与 Ilya Sutskever 和导师 Geofrey E.Hinton 共同发表。AlexNet 参加了 2012 年 9 月 30 日举行的 ImageNet 大规模视觉识别挑战赛，达到最低的 15.3% 的 Top-5 错误率，比第二名低 10.8 个百分点，至此一战成名。原论文的主要结论是，模型的深度对于提高性能至关重要，AlexNet 的计算成本很高，但因在训练过程中使用了图形处理器（graphics processing unit，GPU）而使得计算具有可行性。

2013 年，variational auto-encoder（VAE） 由 Durk Kingma 和 Max Welling 在文章“Auto-Encoding Variational Bayes”中正式提出。VAE 也被称为变分自编码器，属于自动编码器的变体。与经典（稀疏、去噪等）自动编码

器不同，变分自动编码器（VAE）是生成模型，如生成对抗网络。该文章重点解释了在存在具有难解的后验分布的连续潜在变量和大型数据集的情况下，如何在定向概率模型中进行有效的推理和学习。他们引入了一种随机变分推理和学习算法，且该算法可以扩展到大型数据集。

2013 年，谷歌开发了 Word2Vec 这一款用于训练词向量的软件工具。Word2Vec 可以根据给定的语料库，通过优化后的训练模型快速有效地将词语表达成向量形式，为自然语言处理领域的应用研究提供了新的工具。Word2Vec 由 Tomas Mikolov 带领的团队创造，在文章“Efficient Estimation of Word Representations in Vector Space”中公布了研究细节。

2014 年，Ian Goodfellow 等人提出生成对抗网络（generative adversarial network, GAN）。它是非监督式学习的一种方法，通过让两个神经网络相互博弈的方式进行学习。生成对抗网络由一个生成网络与一个判别网络组成。生成网络从潜在空间（latent space）中随机取样作为输入，其输出结果需要尽量模仿训练集中的真实样本。判别网络的输入则为真实样本或生成网络的输出，其目的是将生成网络的输出从真实样本中尽可能分辨出来。两个网络不断调整参数、相互对抗，且生成网络要尽可能地欺骗判别网络，其最终目的是使判别网络无法判断生成网络的输出结果是否真实。

2014 年，针对神经网络容易过拟合的问题，Nikhil Srivastava 和 Geoffrey E.Hinton 等人对随机失活（dropout）进行了描述，并证明了此方法比当时使用的其他正则化方法有了重大改进。实证结果也显示 dropout 在许多基准数据集上获得了优秀的结果。随机失活是对具有深度结构的人工神经网络进行优化的方法，在学习过程中通过将隐含层的部分权重或输出随机归零，降低节点间的相互依赖性（co-dependence）从而实现神经网络的正则化（regularization），降低其结构风险（structural risk）。

2015 年，Geoffrey E.Hinton 以及他的学生 Ruslan Salakhutdinov 在世界顶级学术期刊《自然》发表的一篇文章中详细地给出了“梯度消失”问题的解决方案，即通过无监督的学习方法逐层训练算法，再使用有监督的反向传播算法进行调优。该深度学习方法的提出立即在学术圈引起了巨大的反响，以斯坦福大学、多伦多大学为代表的众多世界知名高校纷纷投入巨大的人力、财力进行深度学习领域的相关研究，而后又在迅速蔓延到工业界。

残差网络是由来自 Microsoft Research 的 4 位学者——Kaiming He、

Xiangyu Zhang、Shaoqing Ren 和 Jian Sun 提出的一种卷积神经网络，且在 2015 年的 ImageNet 大规模视觉识别竞赛（ImageNet large scale visual recognition challenge, ILSVRC）中赢得了图像分类和物体识别类别的优胜。残差网络的特点是容易优化，并且能够通过增加深度来提高准确率，其内部的残差块使用了跳跃连接，缓解了在深度神经网络中增加深度带来的梯度消失问题。

TensorFlow 是一个基于数据流编程（dataflow programming）的符号数学系统，被广泛应用于各类机器学习（machine learning ）算法的编程，其前身是谷歌的神经网络算法库 DistBelief。自 2015 年 11 月 9 日起，TensorFlow 依据阿帕奇授权协议（apache 2.0 open source license）开放源代码。TensorFlow 拥有多层级结构，可部署于各类服务器、PC 终端和网页，支持 GPU 和 TPU 高性能数值计算，被广泛应用于谷歌内部的产品开发和各领域的科学研究。

OpenAI 是由诸多硅谷大亨联合建立的人工智能非营利组织。2015 年，马斯克与其他硅谷科技大亨进行连续对话后，决定共同创建 OpenAI，希望能够预防人工智能的灾难性影响，推动人工智能发挥积极作用。OpenAI 的使命是确保通用人工智能（artificial general intelligence,AGI），即一种高度自主且在大多数具有经济价值的工作上超越人类的系统，期望能为全人类带来福祉。他们不仅希望直接建造出安全的、符合共同利益的通用人工智能，而且愿意帮助其他研究机构共同创建出这样的通用人工智能，以达成他们的使命。

2016 年 3 月，在机器人设计师 David Hanson 的测试中，与人类极为相似的人类机器人索菲亚（Sophia）正式亮相，其自曝愿望，称想去上学，组建家庭。索菲亚看起来就像人类的女性，拥有橡胶皮肤，能够做出很多自然的面部表情。索菲亚“大脑”中的计算机算法能够识别交谈者的面部，并与人进行眼神接触。索菲亚的皮肤用名为 Frubber 的延展性材料制作，皮肤下有很多电机，可以让它做出微笑等动作。此外，索菲亚还能理解人类的语言，并能记住其与人的互动，包括面部表情等。随着时间的推移，它会变得越来越聪明。Hanson 说：“它的目标就是像任何人类那样，拥有同样的意识、创造力和其他能力。”

2019 年，人工智能行业进入了稳定发展中，也彻底摆脱了“喊口号、包装概念”的时代。人工智能技术开始进入各行各业，人工智能的应用场景和成果也接连不断地出现。

例如，NVDIA 开源的 StyleGAN，谷歌量子霸权论文正式登上 *Naturev* 杂志，波士顿动力机器狗 Spot 即将商用，阿里推出全球最强的 AI 芯片——含光 800、AI 换脸和 AI“人脸识别”协助警方，等等。这些大事件都表明人工智能技术已经越来越“接地气”，进入人们的生活中，而不是停留在研究和实验当中。此外，人工智能也被正式列入我国新增审批本科专业名单。

在全球抗击疫情的背景下，当人与人之间的交往受到限制的时候，人工智能被赋予了更多的期待和重任，它在信息收集、数据汇总及实时更新、流行病调查、疫苗药物研发以及新型基础设施建设等领域大显身手。与此同时，随着新技术新业态的不断涌现，人工智能凝聚全球智慧、助力全球经济复苏的力量更加突显。

1.3 人工智能的研究内容

1.3.1 人工智能的学派

在人工智能学科 60 多年的发展历史中，不同学科不同背景的学者都对人工智能提出过自己的看法，并产生了不同的学术流派[①]。其中，有一些学派对人工智能的影响较大，如符号主义、联结主义和行为主义，也因为这些流派的存在使得人工智能发展壮大。

1. 符号主义（symbolicism）

符号主义学派认为人工智能来自数学逻辑，人类的认知和思想的基本单元是符号，人类认知的过程就是符号的一种运算，符号主义想用符号来描述人类的认知过程，将这种符号输入计算机里，以这种形式来描述人类认知的过程，实现人工智能的发展。

符号主义的发展经历了两个阶段：20 世纪 50—70 年代是推理期，这个时期人们以符号为基础进行演绎推理并取得了很好的进展；20 世纪 70 年代以后是知识期，这个时期人们以符号为基础并利用领域知识在建立专家系统上取得了很大的成绩。

符号主义学派的代表人物西蒙（Simon）和纽厄尔（Newell）提出了物理符号系统假说——“如果在符号计算中实现了对应的功能，则相应的功能就在现实世界中实现”，这是智能化的一个充要条件。因此，从符号主义的角度出发，若机器的计算是正确的，那么现实世界也就是正确的。

---

① 李成严，高峻．人工智能 [M]. 哈尔滨：东北林业大学出版社，2009:3-4.

中文屋实验清楚地表明，尽管符号主义实现了相应功能，所有符号的计算也不一定与现实世界有界限，即命名功能的完全实现不一定具有智能。这是在哲学上对符号主义的一种形式批判，同时明确指出，根据符号主义实现的人工智能并不等同于人类智能。

然而，符号主义在人工智能领域的研究中仍然扮演着关键的角色。早期工作的成果主要表现在机器证明和知识表示上。西蒙和纽厄尔早期阶段对机器证明做出了重要贡献，我国数学家王浩和吴文俊等人也取得了非常重要的成果。经过机器验证后，符号主义最重要的成就是专家系统和知识工程，最著名的学者是费根鲍姆（Feigenbaum）。假如所有的智能都可以通过这种方法实现，那么显然会存在一个问题。其最显著的例子就是日本的第五代智能机器，尽管它走上了知识工程的道路，但其随后的失败现在看来也不是毫无道理的。

实现符号主义主要有三大挑战。第一个挑战是概念的组合爆炸。每个个体大概有 50 000 个基本概念，所有的概念进行组合有无限种。同时，由于常识是取之不尽的，所以推理的步骤可以是无限的。第二个挑战是命题的组合悖论。例如，有两个命题都是合理的，它们组合在一起变成了无法判断真假的句子，其中就有著名的柯里悖论（Curry’s paradox）。第三个挑战是最困难的，即在现实生活中，经典概念和知识都难以提取和获得。

2. 连接主义（connectionism）– 仿生学

连接主义学派的仿生学是用算法模拟神经元，并将这样一个单元叫作感知机，把多个这样的感知机组成一层网络，多层网络相互连接就可以形成神经网络。

这个学派的思想来自仿生学，特别是人脑模型的研究。连接主义学派从神经生理学和认知科学的研究成果出发，将人的智能归为人脑的高层活动的结果，强调智能活动是由大量简单的单元通过复杂的相互连接后并行运行的结果。可以根据要解决的实际问题来构建神经网络，进而用数据不断训练这一网络，调整连接权重来模拟智能[7]。

20 世纪 60—70 年代，连接主义，尤其是对以感知机（perceptron）为代表的脑模型的研究出现过热潮，但是受到当时的理论模型、生物原型和技术条件的限制，脑模型研究在 20 世纪 70 年代后期至 80 年代初期落入低潮。直到 Hopfield 教授在 1982 年和 1984 年发表两篇重要论文，提出用硬件模拟神经网络以后，连接主义才又重新抬头。1986 年，鲁梅尔哈特等人提出多层网络中的反向传播算法（back propagation BP）算法。进入 21 世纪后，连接主义卷土重来，提出了“深度学习”的概念。

连接主义认为大脑是所有智能的基础，其主要关注大脑神经元及其连接机制，试图研究大脑结构及其信息处理机制。知识是智力的基础，而概念的心理表达以及如何在计算机上实现，一篇发表于 *Nature* 杂志的学术论文揭示了大脑语言的基础。连接主义有其心理表征，这与概念思维意义图的存在相对应。该论文指出了概念关联机制，试图发现大规模的概念关联并实现相应的仿真。实际上，前者主要侧重于概述功能。在 2016 年发表的一项研究表明，在每个大脑区域都可以找到相应的表征区域，概念的心理表征确实存在。因此，连接主义也有其坚实的物理基础。

麦克罗奇、皮特、霍普菲尔德等人是早期连接主义的代表人物。根据这条路径，连接主义认为完全的人工智能是可以实现的。在这方面，哲学家希拉里·怀特哈尔·普特南（Hilary Whitehall Putnam）[①] 设计了著名的“缸中之脑实验”，这可以看作对连接主义的哲学批评。

“缸中之脑实验”是一个人（假如是自己）被一个邪恶的科学家操作，大脑被切断并放在一个装有营养液的罐中，大脑的神经末梢与计算机相连，计算机根据程序向大脑传输信息。对于这个人来说，人、物体和天空是存在的，神经和感官是可以输入的。这个大脑也可以被输入和截获，例如，可以截取脑外科手术的记忆，然后输入他可能经历的各种环境和日常生活。此外，它甚至可以被输入到代码中，以“感觉”他正在阅读一篇有趣而荒谬的文本。

“罐中大脑实验”表明，即使实现了连接主义，指心也没有问题，但指物仍然有严重的问题。因此，连接主义所实现的人工智能并不等同于人类智能。

虽然“罐中大脑实验”表明了连接主义存在一定的不足，但它仍然是最著名的实现人工智能的路线。在围棋比赛中，采用深度学习技术的 Alphago 在围棋比赛中接连击败了李世石和柯洁；在机器翻译领域，利用深度学习技术进行的翻译已经超越了人类的翻译水平；在语音识别和图像识别方面，深度学习也达到了一定的水平。客观来看，深度学习的研究已经取得了难以置信的进步。

---

①希拉里·怀特哈尔·普特南(Hilary Whitehall Putnam,1926年7月31日—2016年3月13日)，美国当代著名哲学家、逻辑学家、科学哲学家，主要著作有《逻辑哲学》《数学、物质和方法》《心语言和实在》《意义和道德科学》《理性、真理和历史》等。

然而，这并不意味着连接主义可以完全代替人类的智能。更重要的一点是，想要实现完全的连接主义仍然面临巨大的挑战，到目前为止，人们还不清楚人脑表达概念的机制，也不知道概念在人脑中的具体表达形式、表达方式、组合方式和今天的神经网络和深度学习实际上与人脑的真正机制相去甚远。

3. 行为主义（actionism）

行为主义派认为，行为是机体适应各种环境变化的各种身体反应的组合，智能依赖于感知和行动，并不需要知识表达和推理，它的理论目标在于预见和控制行为。行为主义是 20 世纪末期以人工智能新学派出现在人们的视野，吸引了许多人，其代表作首推布鲁克斯（Brooks）的六足行走机器人。它被看作新一代的“控制论动物”，是一个基于感知－动作模式的模拟昆虫行为的控制系统。

在这方面，哲学家普特南还设计了一个意识形态实验，可以将其看作对行为主义的哲学批评，即“完美伪装者和斯巴达人”。“完美伪装者”可以根据外部需求进行完美的表演。他们可以在需要哭的时候哭，在需要笑的时候笑，但他们的心可能总是像往常一样平静。相反，“斯巴达人”无论是极度兴奋还是像铁一样冰冷，总是有一副“泰山崩于前而色不变，麋鹿兴于左而目不瞬”的表情。“完美伪装者”和“斯巴达人”的外在表现与心灵无关，因此行为主义所实现的人工智能也并不等于人类智能。

对于行为主义路线而言，其实现的最大困难可以用莫拉维克悖论来解释。莫拉维克悖论即人类觉得困难的问题，对于计算机来说却是简单的，而人类觉得简单的问题，对于计算机而言却是困难的，且最难复制的是人类无意识的技能。目前，人工智能在模拟人的动作技能方面正面临着巨大的挑战[8]。例如，在互联网上看到波士顿公司的仿人机器人可以做困难的后空翻，“大狗”机器人可以在负载的情况下在任何地形上行走，其动作能力非常强大。然而，这些机器人都存在相同的缺点——过多的能源消耗和过多的噪音。“大狗”机器人最初是由美国军方订购的，但由于“大狗”机器人的启动声音可以在十英里（1 英里 ≈1 609.34 m 外听到，增加了被敌方发现的可能性，降低了其在战场上的使用价值，因此美国军方也放弃了对它的采购。

1.3.2　人工智能的应用领域

大部分的学科都有几个不同的研究领域，每个领域都有各自专有的研究主题、技术和术语。其中，人工智能领域就包含了机器学习、自然语言处理、自动定理证明、自动编程、智能检索、智能调度、机器人学、专家系统、智能控制、模式识别、视觉系统、神经网络、Agent、计算智能、问题解决、人工生命、人工智能方法和编程语言等内容。五十多年来，人类已经创建了一些具有智能的计算机系统，如解微分方程、下棋、设计和分析集成电路、合成人类自然语言、智能检索、诊断疾病、控制航天器等，以及地面移动机器人和水下机器人等。

本部分首先讲述了人工智能的一些基本的概念和基本原理等内容，为之后感知技术的应用奠定了基础。值得注意的是，正是由于不同的人工智能子领域不是互不相关的，因此以下介绍的各种智能领域也不是相互独立的，将它们分开介绍，只是为了指出现如今的人工智能程序能做什么或不能做什么，大部分人工智能的研究方向都涉及了非常多的智能领域。

1.机器学习

机器学习是一门涉及概率论、统计学、近似理论、凸分析及算法复杂性理论等多学科交叉的学科。作为人工智能的核心，它关注的是计算机如何模拟乃至实现人类的学习行为，从而获得新的认知和技能，重组现有的知识结构并不断提高其性能以及有效提高学习效率。同时，它也是实现计算机智能化的根本途径。

机器学习有下面几种定义：

（1）机器学习是一门人工智能的科学，该领域的主要研究对象是人工智能，特别是如何在经验学习中改善具体算法的性能。

（2）机器学习是对能通过经验自动改进的计算机算法的研究。

（3）机器学习是用数据或以往的经验优化计算机程序的性能标准。

所谓机器学习，就是使计算机能够像人一样自动获取新知识，并在实践中不断自我完善和提高能力。机器学习是机器获得智能最根本的途径，更是人工智能学科研究的核心问题之一。当前，人们依据对已有知识的学习，发展了许多机器学习方法，如机械学习、类比学习、归纳学习、发现学习、遗传学习以及连接学习等①。

如图 1-4 所示，机器学习的整个过程大致可分为四部分，分别是数据的获取与处理、模型的训练、模型的验证以及模型的使用。其中，数据的获取与

---

① 何泽奇，韩芳，曾辉．人工智能［M］．北京：航空工业出版社，2021:172-193.

处理关系到机器学习算法性能是否能够提高；模型训练是整个机器学习的核心步骤，影响着整个算法的效果；模型验证通过测试集来评估模型的性能，其性能指标包括错误率、精准率、召回率、F1 指标、ROC（receiver operating characteristic curve）等；最后使用训练好的模型对新的数据进行输出预测。

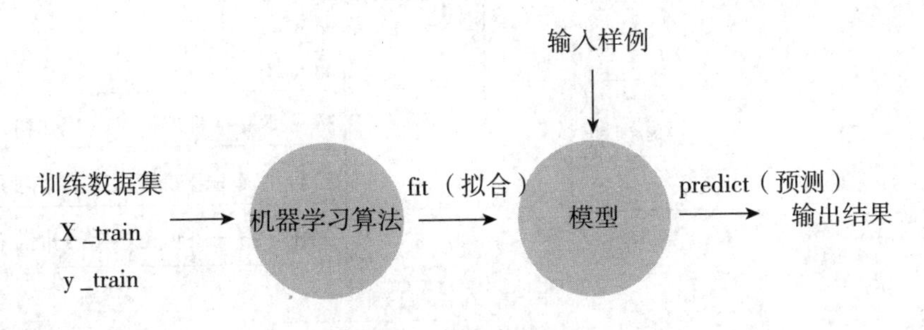

图 1-4　机器学习过程

同时，机器学习还可以根据不同的分类标准进行分类。例如，按算法函数的不同，机器学习可分为线性模型和非线性模型；根据学习准则的不同分类，机器学习可分为统计方法和非统计方法。通常来说，一般会根据训练数据集的信息和反馈方式的不同，将其分为有监督学习、无监督学习以及弱监督学习，如表 1-1 所示。

表 1-1　机器学习的分类

	有监督学习	无监督学习	弱监督学习
数据特征	数据全部具有标签	数据不具有标签	数据一部分有标签，一部分没有标签
特点	给定数据，预测标签	给定数据，寻找隐藏的标签	利用数据，生成合适的分类函数
常见算法	决策树、支持向量机、K 近邻	层次类聚、K 均值	强化学习、迁移学习

机器学习是现阶段解决许多人工智能问题的主流方法。作为一个独立的方向，它正在高速发展。最早的机器学习算法可以追溯到 20 世纪初期，到目前为止，已经有 100 多年的历史了。机器学习自 20 世纪 80 年代被称为独立方向以来已经有 41 年了。总之，在过去的 100 年里，经过一代又一代科学家的不懈努力，诞生了大量的经典方法。笔者总结了机器学习在过去 100 年中的发

展历史，完成了寻找机器学习根源的旅程，如图 1-5 所示。

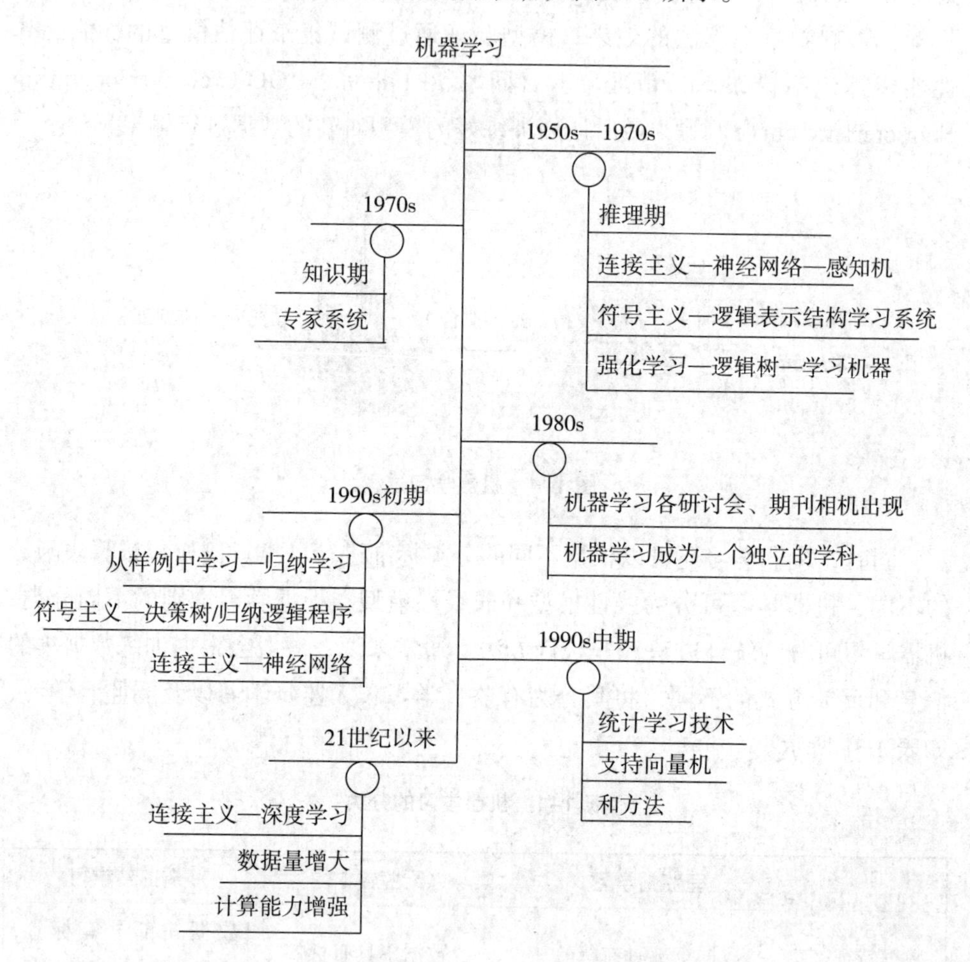

图 1-5　机器学习的发展历程

2. 问题求解与博弈

博弈论可以被认为是两个或多个理性的代理人或玩家之间相互作用的模型。其中，理性是博弈论的基础，因此应该着重注意理性这个关键词。但理性究竟意味着什么呢？

通常，理性可以被看作一种理解，即每个行为人都知道所有其他行为人都和其一样理性，有着一样的理解和知识水平。并且，理性考虑了其他行为人的

行为，行为人总是倾向于更高的报酬和回报，换句话说，每一个行为人都是有私心的，都尝试将自己的利益最大化。

下面是与博弈论相关的部分关键词：

游戏（game）：一般来说，游戏包括玩家、行为、策略和最终收益。比如拍卖、象棋、政治等。

玩家（players）：玩家是一个参与到每个游戏中的具有理性的实体。比如拍卖会上的投标者；

石头 – 剪刀 – 布的猜拳者：参加政治选举的政客。

收益（payoff）：收益是一种结果，这种结果就是每名玩家在游戏结束时得到的奖励，而这个奖励可以是正也可以是负。

纳什均衡可以看作博弈论实现人工智能的一条基本途径。这是每个参与者选择的一种适应其自身的行为，它不能使任何参与者改变这种行为，因为改变会使它不是最佳选择。换句话说，考虑到其他参与者是理性的，并且会选择他们的最优策略，纳什均衡就是参与者的最佳选择。在参与者的可选行为集下，游戏玩家不可以通过改善优化策略来增加其收益，所以纳什均衡的选择可以被认为是无悔的。

3. 专家系统

专家系统是一种智能计算机程序系统，它包含了大量专家级的知识和经验。它可以通过人类专家知识和问题解决方法来解决该领域的问题。换句话说，专家系统是一个拥有丰富专业知识和经验的程序系统。其结合了人工智能与计算机技术，根据某一领域的一位或多位专家提供的知识和经验进行推理和判断，模拟人类专家的决策过程，从而解决需要人类专家处理的困难问题。简言之，专家系统就是模拟人类专家来解决某一领域问题的计算机程序系统。一般的专家系统由六部分组成：人机界面、知识库、推理机、解释器、综合数据库和知识获取，如图 1–6 所示。需要注意的是，知识库和推理机是相互分离的。专家系统的体系结构因专家系统的类型、功能和规模而异。

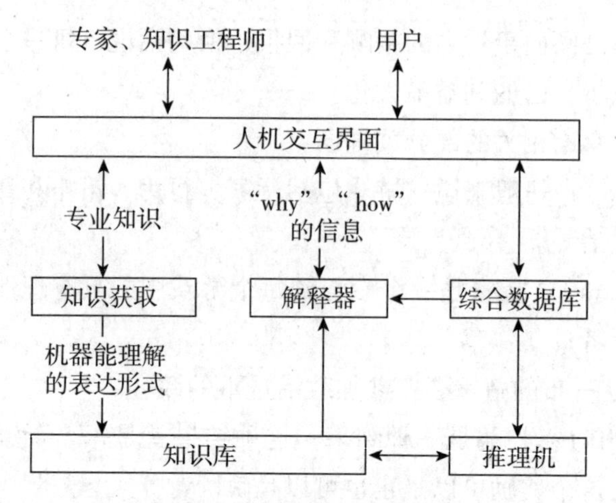

图 1–6　专家系统结构

在通过一定的方式来表达这些知识时，计算机才能够为利用专家的领域知识。当前使用最广泛的知识表示方法有产生式规则、语义网络、框架、状态空间、逻辑模式、脚本、过程和面向对象等。其中，实现知识应用最基础的方法就是基于规则的产生式系统。生产系统由三个主要部分组成：综合数据库、知识库和推理机。全面的数据库包含世界范围的事实和论断来解决问题。知识库包含所有以"如果：< 前提 >，然后：< 结果 >"形式表示的知识规则。推理机又名规则解释器，其任务是使用控制策略找到适用的规则。

专家系统是人工智能最重要、最活跃的应用领域。从理论研究到实际应用，从一般推理策略到专业知识应用，其在人工智能领域都实现了不小的突破。在早期的人工智能领域中，专家系统是其中一个非常重要的子领域。它可以看作一种具有专业知识和经验的计算机系统。通常只有领域专家才能解决的复杂问题现如今可以用人工智能中的知识表示和知识推理技术来模拟。

专家系统的发展可以被分为三个阶段，现在正朝着第四代的方向发展。自斯坦福大学研发出第一代专家系统 DENDRAL 以来，各种专家系统已经遍布各个学科领域并取得了很大的成就，其特点是具有高度专业化和解决特殊问题的强大能力。但是，系统结构在完整性、可移植性、透明性和灵活性等方面还存在缺陷，因此其解决问题的能力有限。第二代专家系统有 mycin、casnet、prospector 等，它是一个单一的专业型面向应用的系统。其体系结构相对完整，可移植性得到了提高。此外，它还改进了人机界面、解释机制、知识获取技术和不确定性推理技术，在专家系统的知识表示和推理方法的通用性等方面都得

到了改进。第三代专家系统是一个多学科综合系统，通过运用多种人工智能语言，结合多种知识表示方法、多种推理机制和控制策略来解决问题，并使用各种知识工程语言、框架系统和专家系统开发工具和环境来开发大型综合专家系统。

在总结前三代专家系统、大规模多专家协作系统、多知识表示、综合知识库和自组织问题解决机制的设计方法和实现技术的基础上，第四代多知识库、多智能体的专家系统是采用多领域共同进行问题求解和并行推理、专家系统工具与环境、人工神经网络知识获取与学习机制等最新人工智能技术实现的。

4. 模式识别

模式识别是通过计算方法，根据样本的特征将样本划分为若干类别。模式识别是利用数学技术通过计算机来研究模式的自动处理和解释，把环境和对象统称为“模式”。随着计算机科学技术的发展，人类研究复杂的信息处理过程将成为可能。这一过程的一个重要形式是生命体对环境和对象的认知。模式识别主要的研究方向有图像处理和计算机视觉、语音和语言信息处理、脑网络群及类脑智能等。

换言之，模式识别是指处理和分析代表事物或现象的各种形式的信息（数字、文字和逻辑）的过程，以描述、识别、分类和解释事物或现象，它是信息科学和人工智能学科的重要组成部分。作为人类的一项基本智能，人们经常进行“模式识别”。随着 20 世纪 40 年代计算机的发明和 50 年代人工智能的兴起，人类开始想象通过计算机取代或延伸人类的脑力劳动，并且在 20 世纪 60 年代，模式识别迅速发展并形成了一门新的学科

如图 1–7 所示，一个模式识别系统的工作流程包含数据采集、预处理、特征提取、分类器设计和分类决策第五部分。。

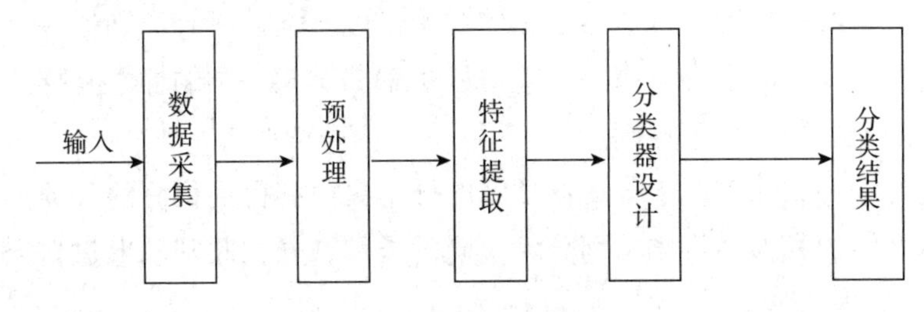

图 1–7　模式识别的过程

（1）数据采集。对模式识别的研究实际上就是对计算机的识别，所以对于

目标事物，必须收集其各种信息数据，并将其转换为计算机可以接收并处理的数据。对于各类型的物理量，可在传感器的作用下先将物理量转换为电信号，然后信号转换模块再将信号的形式和范围进行转换，最后通过 A/D 采样转换成相应的数据值。

（2）预处理。通过第一步模式采集所获得的数据量是计算机还未识别的原始信息，可能有极多的干扰和无用数据。因此，为了减少干扰，增强有用信息，需要在预处理部分采用多种滤波和降噪措施。识别目标特征生成的方法思想与待解决的模式识别问题和所使用的模式识别方法有着紧密的联系。例如，对于图像数据来说，当识别场景类型时，其颜色和纹理的特征非常有用；当对人脸进行识别时，人脸轮廓和关键点特征是非常重要的。

通过预处理生成的特征依旧可以用数值表示，除此之外，还能用拓扑关系、逻辑结构等形式表示，各种不同的表示形式分别用于不同的模式识别方法。

（3）特征提取。一般情况下，通过模式采集和预处理后，计算机得到的模式特征数量非常大。因此，为了避免因数据量庞大的分类器设计和分类器决策的效率造成反面影响，降低模式识别过程中的计算难度，提高分类的精度，需要从大量的特征数据中选择最有效、最有限的特征。

特征选择和特征提取是特征选取的两个主要方法。特征选择是从现有特征中选择一些特征并放弃其他特征。特征提取是对原始高维特征进行映射和变换，生成一组低维特征。尽管这两种方法有所区别，但其目的都是减少特征的维数，提高所选特征的有效性。

（4）分类器设计。分类器设计的过程等同于分类器学习的过程。分类器设计由计算机根据样本情况自动进行，可分为有监督学习和无监督学习。

有监督学习是指用于分类器学习的样本已经分类并具有类别标签。分类器知道这些样本属于哪些类，因此，它可以了解属于某一类的样本有哪些共同特征，以此来建立分类决策规则。

无监督学习意味着用于分类器学习的样本集没有得到很好的分类。分类器根据样本之间的相似性将样本划分为不同的类别，并在此基础上建立分类决策规则。

（5）分类决策。分类决策是根据建立的分类决策规则对待分类样本进行分类，并对分类结果进行评价。

5. 深度学习

深度学习（deep learning）是为了更好地实现人工智能这个目标，逐渐成为机器学习领域的一个新的研究方向。机器学习是实现人工智能的唯一途径，深度学习是学习样本数据的内在规律和表征水平。在学习过程中，深度学习获得的信息对解释文本、图像和声音等数据非常有帮助，其目的就是使机器具有像人类一样的分析和学习能力，使其可以识别图像、文字、声音或其他数据。深度学习是一种复杂的机器学习算法，与以往的相关技术相比，它在语音和图像识别方面的成果更加突出。

深度学习的概念定义来自人工神经网络的研究，并且研究深度学习的动机就在于建立一个模拟人类大脑进行分析学习的神经网络。深度学习的结构就包括了人工神经网络中的多层隐藏层感知器。深度学习组合低层特征，以此来形成更抽象的高层表示属性类别和特征，从而找出数据的分布式特征表示[①]。

深度学习在搜索技术、数据挖掘、机器学习、机器翻译、自然语言处理、多媒体学习、语音、推荐和个性化技术等相关领域都有着非常不错的表现，解决了许多复杂的模式识别问题，并在人工智能相关领域取得了巨大进展。

深度学习是一类模式分析方法的总称。就具体研究内容而言，主要涉及三种方法：

（1）基于卷积运算的神经网络系统，即卷积神经网络（convolution neural networks，CNN）。

（2）基于多层神经元的自编码神经网络近年来受到广泛关注，其中包括两类编码，一是自编码（autoencoder），二是稀疏编码（sparse coding）。

（3）对多层自编码神经网络进行预训练，然后结合识别信息进一步优化神经网络权值的深度置信网络（deep belief networks, DBN）。

深度学习与传统浅层学习的不同之处在于：

（1）深度学习重点强调了模型结构的深度，一般有 5 层或 6 层，甚至 10 层的隐藏层节点。

（2）阐明了特征学习的重要性。换言之，通过逐层特征变换，将样本在原始空间中的特征表示转换为新的特征空间，以便于分类或预测。相较于人工规则构造特征的方法，通过大数据学习特征可以更好地描述数据内部的丰富信息。

通过设计和建立适当数量的神经元计算节点和多层操作层次，应用适当的

① 郭雨菲 . 论人工智能感知机 [J]. 科学与信息化，2018（36）：34，38.

输入层和输出层，利用网络学习和调优建立从输入到输出的数学关系。虽然不能百分百地确定输入层和输出层之间的数学关系，但它可以尽可能接近真实的相关关系。采用已经训练成功的网络模型便能够实现复杂问题的自动化需求。

6. 自然语言理解

自然语言理解（natural language understanding）是一种使用自然语言与计算机进行通信的技术。计算机在处理自然语言时最重要的就是让计算机“理解”自然语言，因此自然语言理解也可以被叫作自然语言处理（natural language processing），也被称为计算语言学。一方面，它是语言信息处理的一个分支；另一方面，它也是人工智能领域的核心课题。

自然语言理解作为人工智能的一个分支学科，通常被称为人机对话。其研究了人类语言交流过程的计算机模拟，使计算机能够理解和使用人类的自然语言，如中文和英文，实现人与机器之间的语言交流，从而取代人类的部分脑力劳动，包括查询数据、回答问题、提取文献、编辑数据和处理所有自然语言信息。这在当前新技术革命浪潮中占有非常重要的地位。开发第五代计算机的主要目标之一是使计算机具有理解和使用自然语言的功能。

7. 智能决策支持系统

智能决策支持系统（intelligence decision support system, IDSS）是以计算机技术、仿真技术和信息技术为手段，针对半结构化的决策问题，支持决策活动的具有智能作用的人机系统。智能决策支持系统是人工智能（AI）与决策支持系统（decision-making support system, DSS）的结合，应用专家系统（expert system, ES），使决策支持系统可以更完整地应用人类的知识，如一些决策问题的描述性知识，或是决策过程中的过程性知识以及求解问题的推理性知识，通过逻辑推理来帮助解决复杂的决策问题的辅助决策系统。

较为完整和典型的决策支持系统结构是在传统的三库决策支持系统的基础上增加知识库和推理机，在人机对话子系统中增加自然语言理解系统和插入问题处理系统组成的四库体系结构，如图 1-8 所示。

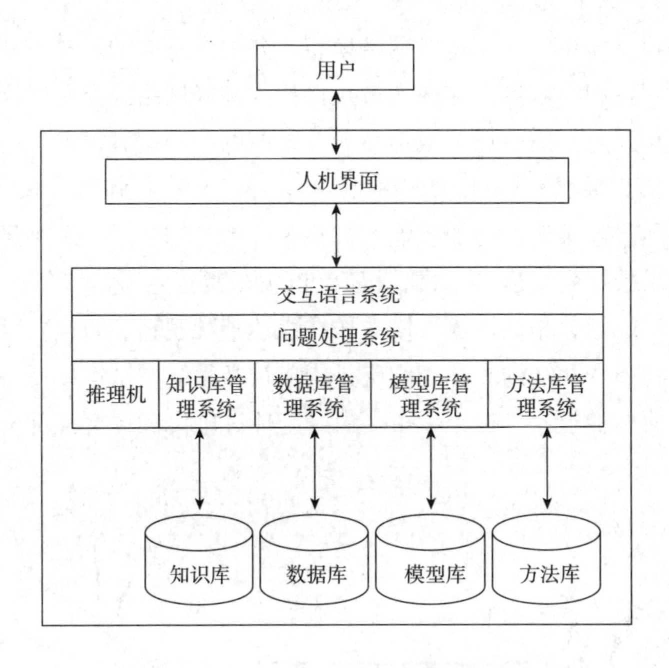

图 1-8　决策支持系统的结构图

决策支持系统（DSS）是在管理信息系统的基础上，深化管理信息系统应用理念而发展起来的系统。DSS 是一个解决非结构化问题并为高层决策服务的管理信息系统，其根据功能可分为专用 DSS、DSS 工具和 DSS 生成器。专用 DSS 是解决某一领域问题的决策支持系统；DSS 工具是指一种语言、一个操作系统和一个数据库系统；DSS 生成器是一个通用的决策支持系统。通常，决策支持系统包括数据库、模型库、方法库、知识库和会话组件。与一般数据库不同，DSS 数据库是在原有基层数据库的基础上建立起来的一种性能要求较高的特殊数据库。目前，DSS 数据库一般采用数据仓库（data warehouse）；模型库是为决策提供分析能力的组件，模型能力指的是模型转化非结构化问题的程度；会话组件又称接口组件，是人与决策支持系统之间的接口。一般情况下，智能决策支持系统（IDSS）为决策支持系统添加了 OR/MS 深层知识库，所以 IDSS=DSS+AI。

8. 人工神经网络

人工神经网络（artificial neural network, ANN）是 1980 年以来人工智能领域最关键的一个研究热点。它从信息处理的角度抽象人脑神经网络，根据人脑神经网络建立简单的人工神经网络模型，并根据不同的连接方式形成不同的网络。在工程界和学术界，它通常被直接称为神经网络或类神经网络。神经网络是由大量相互连接的节点（或神经元）组成的一种运算模型，每个节点代表一个被称为激活函数（activation function）的特定输出函数，每两个节点之间的连接表示通过连接信号的加权值，被称为权重，相当于人工神经网络的记忆[44]。网络输出根据网络连接方式、权值和激励函数而变化，并且网络自身一般都与某种算法或函数相似，也可以看作在表达某种逻辑。

（1）生物神经元结构。神经细胞是构成神经系统的基本单元，将其称为生物神经元，简称神经元。神经元主要由细胞体、轴突和树突三部分组成，如图1-9所示。

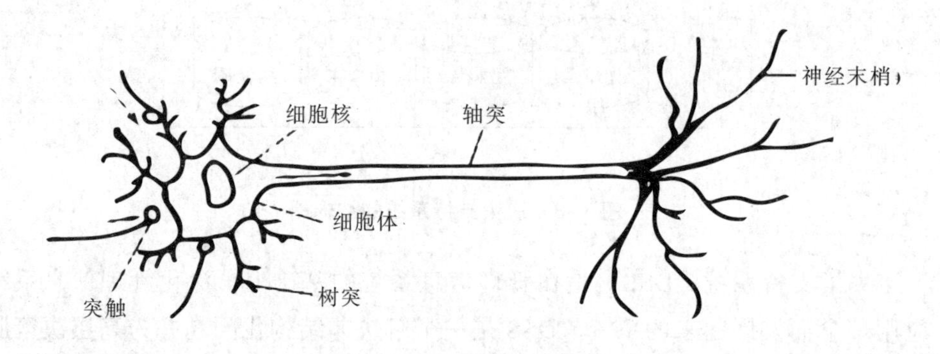

图 1-9　生物神经元结构

突触是神经元与神经元之间相互连接的部位，即一个神经元的神经末梢与另一个神经元的树突之间连接的地方，其位于神经元神经末梢的尾部，而且是轴突的末端。

大脑可以看作一个由 1 000 多亿个神经元组成的神经网络。神经元的信息传递和加工是一种电化学活动，树突受到电化学作用的外部刺激，并通过其在细胞中的活动反映为轴突电位；当轴突电位达到一定值时，形成神经脉冲或动作电位；然后，经过轴突终末传递给其他神经元。从控制论的角度看，该过程可视为多输入单输出非线性系统的动态过程。

神经元具有七个功能特性：①时空整合功能；②神经元的动态极化性；③兴奋与抑制状态；④结构的可塑性；⑤脉冲与电位信号的转换；⑥突触延期和不应期；⑦学习、遗忘和疲劳。

（2）人工神经元结构。19 世纪末期，在生物、生理学领域，Waldeger 等

人提出了神经元学说，而人工神经元模型的创建就源自脑神经元学说。[16]

人工神经网络是用来模拟人的大脑神经系统的结构和功能的，这是由非常多的处理单元通过互连而形成的一种人工网络。这些处理单元被称为人工神经元。人工神经网络可以看作一个以人工神经元为节点，通过有向加权弧连接的有向图。在这个有向图中，人工神经元是对生物神经元的模拟，而有向弧是对轴突－突触－树突对的模拟。有向弧的权值代表了两个相互连接的人工神经元之间的相互作用强度。

神经元是多输入单输出的信息处理单元，具有空间整合性和阈值性，输入信号可以分为兴奋性输入和抑制性输入。

1943 年，心理学家 W.S.McCulloch 和数理逻辑学家 W.Pitts 按照这个原理构造了神经网络和数学模型，称为 M−P 模型。[19]M−P 模型是对生物神经元的建模，作为人工神经网络中的一个神经元。图 1−10 为神经元 M−P 模型。

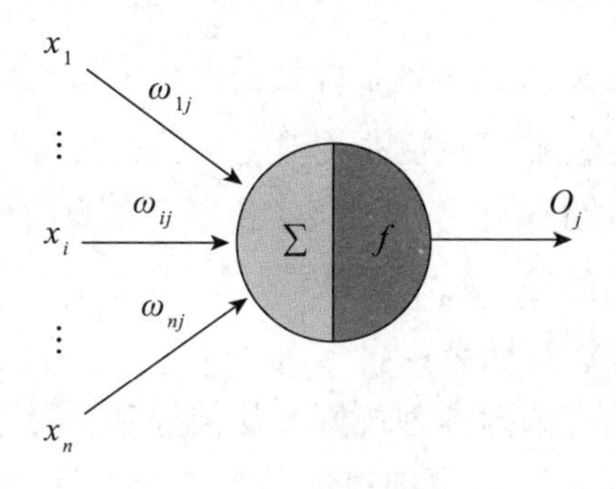

图 1−10 M−P 模型

由 M−P 模型的结构图可知，人工神经元与生物神经元有许多相似之处，用数学公式来表达神经元模型，即式（1−1）：

$$O_j(t+1)=f[\sum_{i=1}^{n}\omega_{ij}\chi_i(t)]-T_j \tag{1−1}$$

其中，χ_i 表示多个输出；ω_{ij} 表示每个输入的权值，且权值的正负模拟了生物神经元中突触的兴奋和抑制动作；$\sum$ 表示对所有的输入信号进行累加求和；f 为激活函数；O_j 为输出。可见，一个神经元的功能是求得输入向量与权向量的内积后，经一个非线性传递函数得到一个标量结果。通过表 1−2 能够了解生物神经元与 M−P 模型的对比情况。

表 1-2　生物神经元与 M-P 模型的类比

生物神经元	神经元	输入信号	权值	输出	总和	膜电位	阈值
MP 模型	j	χ_i	ω_{ij}	o_j	$\sum$	$\sum_{i=1}^{n}\omega_{ij}\chi_i(t)$	T_j

神经网络的一个非常重要的能力是通过不断调整其神经元的权值和阈值，使其能够从环境中学习，最终使网络的输出误差达到预设的效果，即认为网络训练结束。因此人工神经网络在自学习、自组织、自适应和强非线性函数逼近等方面有着很强的能力，还具有较强的容错能力，它可以实现仿真功能、二值图像识别功能预计预测和模糊控制等功能。也正因为它的这些优点，其成为处理非线性系统的强有力工具。

9. 自动定理证明

自动定理证明是指人类将定理证明变成能在计算机上自动实现符号演算的过程。作为对于解决逻辑推理问题的关键之一，其在人工智能方法的发展中起着重要的作用。许多非数学任务，如医学诊断、信息检索、计划和问题解决，都可以转化为定理证明问题。

自动定理证明的方法有四类：

（1）自然演绎法——依据推理规则，从前提和公理中可以推出许多定理，如果待证的定理恰在其中，则定理得证。它又分正向推理（从前提到结论）、逆向推理（从结论找前提）和双向推理等方法。

（2）判定法——对一类问题找出统一的计算机上可实现的算法解。

（3）定理证明器——研究一切可判定问题的证明方法。

（4）计算机辅助证明——以计算机为辅助工具，利用计算机的高速度和大容量，帮助人完成人工证明中难以完成的大量计算、推理和穷举。在证明过程中，计算机获得的大量中间结果可以帮助人们形成新的思想，调整原有的判断和证明过程，从而一步一步地向前推进，直到定理被证明。

1.4　人工智能的发展现状和未来趋势

1.4.1　人工智能的发展现状

随着互联网经济的飞速发展，人工智能已经成为高科技的代名词，且人类

社会逐渐从“互联网时代”向“人工智能时代”跨越。人工智能正处在蓬勃发展的阶段，且随着企业的竞争而演变，迫使企业不得不提高产品质量，以此来满足公众对美好生活的追求并获取收益，不断完善企业自身，实现转型升级。在促进国民经济的发展中，人工智能充分地发挥着极其重要的作用[9]。

1. 计算机领域

在科技更加发达的欧美等国家，伴随着人工智能的发展，率先发明出了能够代替人脑计算的超级电脑，并将之广泛应用于各个领域。人工智能促进了计算机向更完整的代数计算系统的发展，使计算更加灵活快捷。此外，计算机还具有自动动态调整功能，通过预先设定参数来进行稳定的计算操作，不仅省去了人工成本，还提高了运行效率，增强了适应性和抗干扰能力。但是，计算机的模式识别能力也存在一定缺陷，不能充分复现人类的识别能力和思维逻辑，相较于人类还差很多；同时，基于其研究方法的局限性，如果只是通过实验室中的电子设备和电路线路的布置和组合，根本无法模拟人脑的思维状态。与真实大脑相比，计算机研究的模型和方法还有很长的路要走。

2. 生物医学领域

正如我们了解的，医药领域新药开发周期长、成本高、成功率低，但人工智能技术的应用在很大程度上降低了研发成本，提高了生产效率。利用人工智能研究新药，其根本就是借助人工智能的大数据分析数据库及其自动分析能力，在复杂数据中准确筛选和组合，分析各种化合物的组合疗效，以此来达到节约成本、提高新药研发效率的目的。

3. 交通运输领域

在交通与运输方面最杰出的人工智能发明当属无人驾驶汽车与无人机。无人驾驶汽车能够在没有驾驶员操控的情况下行驶；无人机可通过手动遥控进行远程控制或通过提前规划独立完成任务，它们方便快捷的特点大大方便了人们的生产生活。然而，无人驾驶技术也存在一些问题，如响应灵敏度不足和无法及时避开路况。此外，社会交通运输压力持续增加，人口仍在不断上升，因此，如何更有效地对交通进行疏导和结构优化，缓解交通运输压力也是人工智能需要解决的一个重要问题。通过计算机计算调整参数、改变运行线路和增加交通分流，可以实时监测各种拥堵道路状况。因此，智能交通管理可以通过技术手段大大降低交通拥堵的概率，提高路段通行能力，减少交通事故。

1.4.2 人工智能发展的未来趋势

人工智能的未来发展将主要集中在“人”的服务体验和感觉上，将会有更多的资金用于人工智能的开发和研究。例如，苹果公司生产的智能手表不仅可以作为时间工具，还可以通过无线技术进行通信，并且可以通过测量技术观察心率和运动情况。人工智能将在外出安全、物流运输、医疗健康、生产生活等方面做出更大、更突出的贡献，人们能在这些方面真正感受到便捷与效益。此外，触摸屏、人脸识别、指纹识别、手机语音识别、家电遥控、实时路况分析及无人机等技术都被看作人工智能改变人类生活、服务人类的重要表现。如果将人工智能比作一个巨大的宝库，那么人类就是挖掘者，挖掘这座宝库里的蕴藏的财富。

人工智能的智能系统建设尚不完善，需要建立和发展开放信息系统、自动适应系统、语言翻译系统和人工神经系统。语言研究应突破语义障碍，逐步建立更高要求的机器翻译系统，建立具有自主学习能力和高纠错处理能力的智能人工神经网络，伴随着人工智能的飞速发展，一些简单而又主要的任务都由它来完成，很多服务行业的工作者就业状况变得很紧张。但是，我们也不用太过担心，新技术的出现会增加并产生新的工作岗位，如机器人培训和训练等行业，因此需要提高人们的学习能力与自身素质，以适应社会发展需求①。

人工智能技术未来发展最主要的一个趋势就是国际技术研究和产学研合作推进，同时这也是一种模式。高校和科研机构推动知识的运用和转化，企业通过数据进行智能研发与研究，国际合作机构之间为相互推进各自发展进行技术经验的交流等，能够达到整合创新、更好地利用技术资源不断推动人工智能发展的效果。这种构建须拥有一个全方位的数据库，以避免数据隔离和碎片化的问题，实现信息价值的最大化，推动人工智能及其相关技术的创新和发展，并在共享数据平台上再次对资源优化整合，做到利用率最大化，形成良性循环，充分利用各方渠道和方式向公众宣传 AI 技术，使人们对它有更深的理解。

就中国在人工智能领域的发展而言，经过数十年的发展，在人工智能领域的研究已不再落后于国外的水平和趋势，而是能够在重大问题上进行自主创新研究，并且还取得了优秀的成果。例如，中国科学家在模式识别领域创造性地提出了仿生识别方法；还提出了能够较好地解决以往人工智能中不处理矛盾问题的可拓学理论；我国使用机器证明数学定理在世界上也是独一无二的。

---

① 甘胜江，王永涛，邸小莲．人工智能 [M]. 哈尔滨：哈尔滨工程大学出版社，2021:45-57.

我国人工智能在发展的过程中有优点也有不足。在智能技术的应用方面，我国与欧美等西方先进国家的研究水平仍有一些差距。虽然中国的人工智能软件水平不低，但其硬件和机械制造水平还有待发展，这也是今后需要努力的方向。

人工智能广泛应用于人们的生产生活，其发展是不可阻挡的，因此人类生产力能否被解放就在于人工智能到底会发展到怎样的程度。在具有广阔发展前景的基础上，加快产业发展，形成产业竞争优势，有利于促进国家经济的升级改造。因此，我们应该抓住机遇，推动人工智能技术的全面研究与发展，制定相关政策，培养创新型人才，引导健康发展，成为社会发展的新动力。

第 2 章　智能机器人感知技术

2.1　智能机器人简介

2.1.1　智能机器人的定义

为什么我们要将一部分机器人称为智能机器人？是由于这部分机器人具有和人类相似的逻辑思维，也就是智能机器人的“大脑”。在智能机器人的“大脑”中能够支撑机器人去做任何事情的是中央处理器，其运行情况与操作人员直接相关。最重要的一条是，这种情况下的计算机能够根据操作目的进行操作。虽然各种类别的机器人外表可能会有所不同，但是这种具有“大脑”的机器人才是真正的在人工智能背景下研究的机器人。

从广义来看，智能机器人留给人们印象最深的就是它是一个能够实现自主控制的“物体”[10]。事实上，智能机器人的“器官”——传感器并不像人类各器官一样敏感、微妙和复杂。

智能机器人的内部配备着大大小小、各式各样的内部传感器和外部传感器，如针对视觉的相机、针对听觉的语音信号传感器、针对触觉的力觉传感器以及与嗅觉有关的嗅觉传感器等各类传感器。在配备感受器的同时，效应器也是必不可少的，这都是用来感受周围环境的一种方式。

机器人学中主张的生命和非生命目的行为在许多方向上是相同的。正如某个智能机器人研究人员说的，机器人是整个智能系统的工作能力的体现。之前这种系统只有在细胞的生长中才能获得，但现在人类可以自己研究得到它。

完全智能化的机器人可以做到与人类进行简单的正常交流，并且使用人类的语言，同时在它自己的“思维”中形成外部环境的详细模型。智能机器人能

根据其周围的实时环境状况进行分析，通过识别判断和思维逻辑对后续动作进行调整来满足人类的要求，在所获取的数据信息不足的情况下制订、规划期望行动并完成。尽管有人尝试去研发一种能够使计算机理解的“微观世界”，然而事实上，如果想要使机器人像人类一样无差别地进行思维逻辑变换是不可能做到的。

综上所述，感知、反应和思维三个要素应该被作为智能机器人的基本要素来进行研究。

根据以上对于智能机器人的定义，可以将智能机器人概括为三个主要部分：控制系统、感知系统（传感器）和机械系统，如图 2-1 所示。

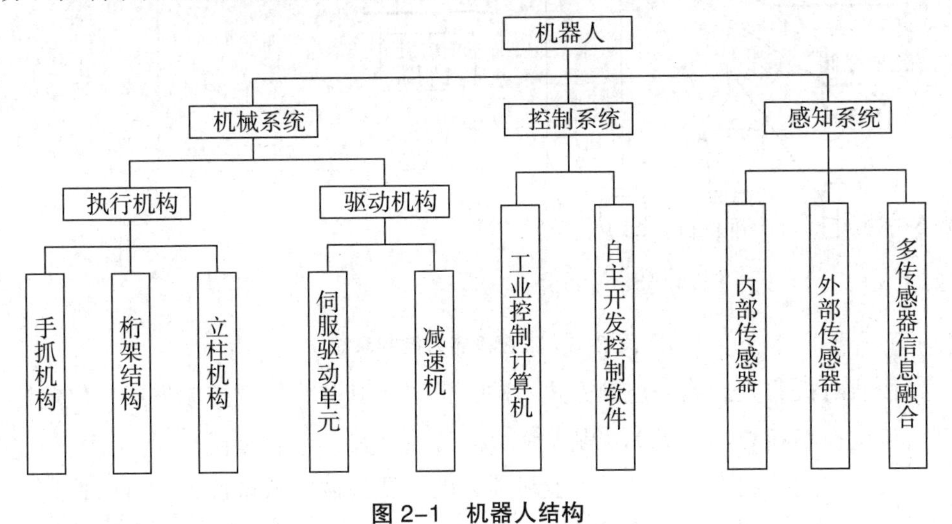

图 2-1　机器人结构

1. 控制系统

控制系统可以看作机器人的“大脑”，它是通过对机器人输入操作指令，并且根据机器人身上的传感器所反馈的信号来控制机器人去完成一定的动作和任务。若机器人没有信息反馈特性，则为开环控制系统；若机器人控制中心存在反馈特性，则为闭环控制系统，此时可以将控制方式分为程序控制系统、适应性控制系统和人工智能控制系统。从控制运动的形式来看，可分为点位控制和连续轨迹控制 [15]。

其中，工业机器人控制系统主要由上位机、运动控制器、驱动器、电动机、执行机构和反馈装置构成，如图 2-2 所示。

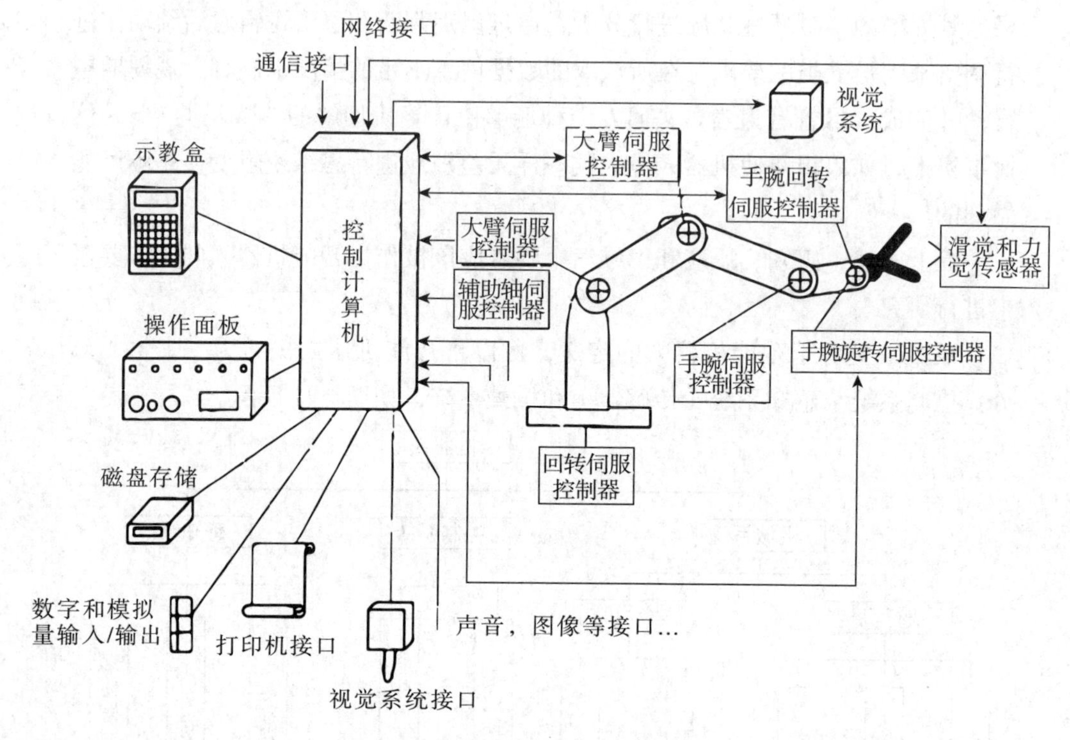

图 2-2　工业机器人控制系统

按照对机器人运动的控制方式不同，可以将其分为三类控制方式：位置控制、速度控制和力（力矩）控制。

（1）位置控制方式。对于工业机器人的位置控制方式来说，又可以将其分为点位控制和连续轨迹控制两种方式。在机器人的运动轨迹上，点位控制并没有严格的控制要求，只需要将起始点与目标点精确定位即可，如图 2-3（a）所示；连续轨迹控制就需要对起始点与目标点之间的位置以及运动时的速度进行控制，如图 2-3（b）所示。

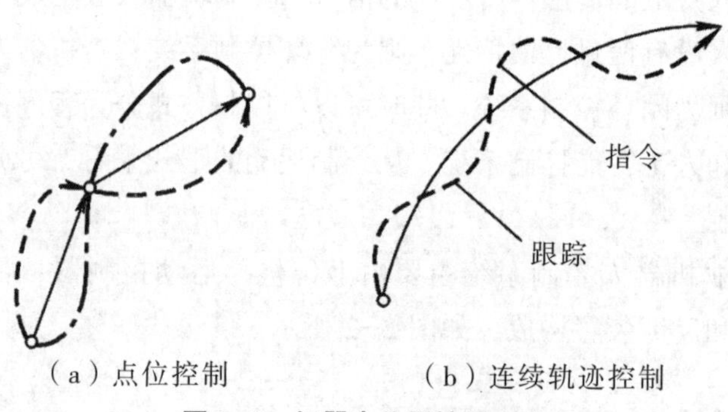

图 2-3　机器人位置控制方式

（2）速度控制方式。在对工业机器人进行位置控制的同时，还需要对其进行速度控制。通常情况下，在连续轨迹控制方式下的工业机器人根据预先设定好的指令进行工作时，由于工作任务的需要，有必要对机器人执行机构进行加减速控制，因此机器人的工作过程需要遵循一定的速度变化曲线，如图 2-4 所示。

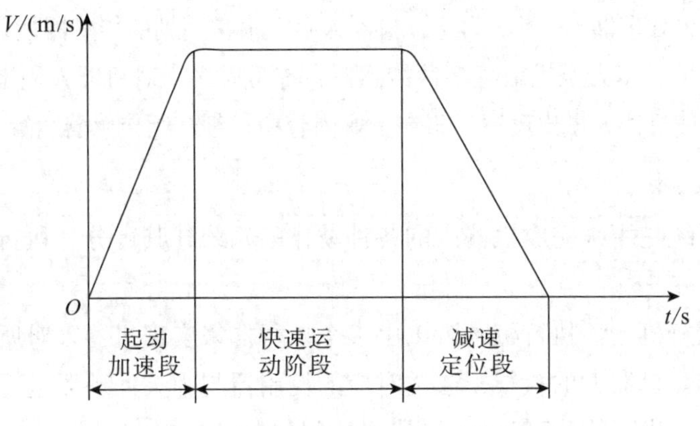

图 2-4　机器人形成的速度 - 时间曲线

（3）力（力矩）控制方式。如图 2-5 所示，机器人在对目标物体进行抓取放置时，其末端操作臂会与环境或目标物体有表面接触，在满足其能够精准定位做抓取放置动作的同时，还需要有适当的力或力矩来保证对物体的保护。此时就需要利用力矩控制的方式，这也是对机器人位置控制的一种补充，其控制原理与位置控制的原理差别不大，不同点就在于力矩控制的输入量和反馈量是力信号，而位置控制是位置信号。因此，传感器便成为机器人获取信号的关键部分。

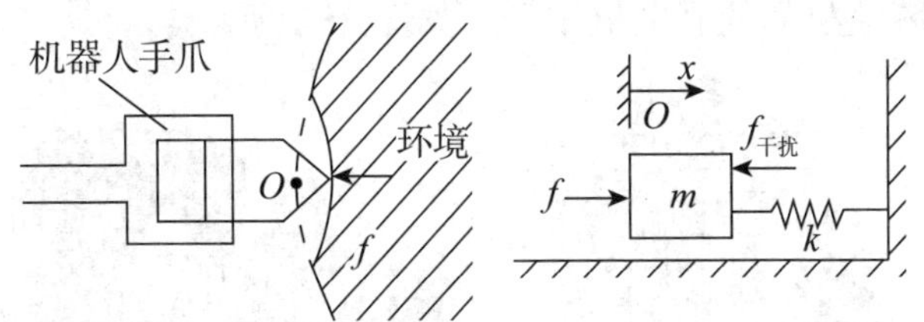

图 2-5　机器人力控制示意

在人工智能控制技术快速发展的情况下，由传感器获取周围环境情况，通过人类对添加的知识库再做出对应的决策，这样一来就使得机器人有了强大的学习能力和推理能力。近年来，在人工神经网络、基因算法、遗传算法及专家系统等技术的基础上，智能机器人也步入高速发展阶段。

2. 感知系统

机器人要获取外部环境的信息并进行反馈，其内部必须配备多个感知器，这些感知器就是机器人的“眼睛”“鼻子”“耳朵”等器官。所有的传感器通过对应的控制器组成机器人的感知系统，并与中央处理器进行连接。传感器收集到外部环境的各种信息后，就将信息传入中央处理器进行分析。感知装置中传感器的任务是获取环境中的特定信息，而对应的控制器则是对特定信息进行数模转换后将其传输至中央处理器①。目前为止，机器人身上最常用到的传感器装置有相机、麦克风、温湿度、压力及光敏等多种传感器，都可以用来对机器人周围的环境进行感知，进而使机器人做出反馈。将在下章内容中仔细介绍传感器装置。

3. 机械系统

机械系统是用来完成机器人的各种动作的系统，其可分为执行机构与驱动机构。

（1）执行机构。执行机构可以由多个执行器来实现机器人对所需完成任务的执行工作。机器人的执行器通过对应的控制器与中央处理器进行连接，当中央处理器发出相应的指令时，与其连接的控制器会对其进行解释、控制、协调，来使执行机构进行工作。机器人的执行机构犹如人类的手和脚，目前最常见的执行机构有机械臂、机械脚以及救援类机器人的自动喷水器等设备。

（2）驱动机构。驱动机构即驱动机械系统的驱动设备。从驱动源的不同来看，驱动机构可以分为电动、液压和气动三种，有时也会根据具体需求将它们组合来使用。驱动机构能够与机械系统直接进行连接，还能够通过同步带、链条、齿轮及谐波传动装置间接地与机械系统进行连接。机器人中使用最多的驱动机构是通过减速机的伺服电机驱动，如图 2-6 所示。

（a）减速机　　　　（b）伺服电机

图 2-6　伺服电机驱动系统

① 张涛主编．机器人概论 [M]. 北京：机械工业出版社，2019：10-26.

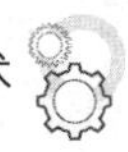

2.1.2　智能机器人的分类

1. 按功能分类

（1）传感型机器人。传感型机器人也被称为外部受控机器人，此类型机器人只配备了执行机构与感知机构，并没有设计智能单元。它工作时主要是对视觉、听觉、触觉、力觉、超声、红外以及激光等传感器获取的信息进行数据处理，进而实现控制和工作的能力。在外部独立于机器人的计算机具有智能处理单元，它的作用是用于处理由机器人内部传感器所获取的各类数据信息及其自身所处的位置、姿态、速度等信息。对数据进行处理后由计算机发出指令控制机器人运动。

（2）自主型机器人。自主型机器人是一种设计开发完成后，在不需要人的操作下就可以实现自主工作的机器人。它主要包括感知、处理、决策及执行等模块，能够像人一样独立地分析判断并解决问题。

对于全自主移动型机器人来说，自主性和适应性是其最突出的两个特征。自主性代表着它可以在特定的环境中完全独立地执行特定的任务，而不依靠于一切外部控制。

适应性意味着它能够随时识别和监测周边的环境，及时地调整控制参数，修改行为规划，并根据环境的变化应对突发事件。其实，自主型机器人还有一个非常重要的特点是机器人的交互性，在下文中将对交互型机器人进行简要介绍。

从 20 世纪 60 年代初开始，智能机器人的研究经过了数十年的历程。到现在为止，第二代机器人，即基于感知控制的智能机器人已经被广泛应用于生产生活之中；目前，第三代机器人，即基于认知控制的智能机器人，也可以称为全自主机器人已经取得突破性的进展。

（3）交互型机器人。交互型机器人的特点是其能够通过内部的智能系统与人和外部环境或是其他机器人进行信息交流，达到控制机器人的目的[11]。交互型机器人涉及传感器数据融合、图像处理、模式识别及神经网络等诸多方向的技术。尽管通过应用各种技术使其具备了处理和决策的功能，可以自主地实现轨迹规划、目标检索以及避障等功能，但一些复杂的任务仍然需要外部计算机的控制。所以说交互型机器人是全世界人工智能领域的一大难点，它的研发能够综合地反映出一个国家的制造水平和人工智能程度。

2. 按智能程度分类

（1）工业机器人。工业机器人能根据人类设定好的程序进行工作，无论周围环境条件发生怎样的改变，它都不能根据环境的变化而做出调整。如果需要让机器人在工作的过程中根据其所处环境做出改变，则必须让人来对其程序进行调整，因此可以说工业机器人是没有智能的。

（2）初级智能机器人。初级智能机器人较最低级的工业机器人来说在智能化上有一定的改变。初级智能机器人有着和人类类似的感知、识别、推理和决策等能力，其程序可以根据周围环境的变化在规定范畴内进行调整，即能够适应周围环境的改变进行调整。然而，其能够自主调整程序这一功能也是预设好的，因此可以将类似的拥有这种能力的机器人称为初级智能机器人。

（3）高级智能机器人。高级智能机器人除具有与初级智能机器人一样的感知、识别、推理和决策能力外，也可以自主修改程序。然而，与初级智能机器人不同的是，前者是通过人来预先设定好，而高级智能机器人则是通过一段时间的学习来获得修改程序的原理，进而在没有人为其预先设定的情况下自主修改程序。因此，较初级智能机器人来说，它拥有更强的规划和决策能力，能够完全自主地完成某项工作，现阶段此类机器人的应用也逐渐广泛起来。

3. 当今智能机器人的主要类型

（1）工业生产型机器人。目前，用机器人来代替人工的趋势逐渐在扩大，在一些生产加工企业，工业机器人逐渐成为车间里的“工人”。工业机器人由机械结构（其自身）、控制系统、伺服驱动系统和诸多传感器装置构成。工业机器人也被叫作机电一体自动化生产设备，如汽车制造流水线上的工业机器人（图 2-7），其能够模仿人并在三维空间进行各种操作，还能自动控制、可重复编程，尤其适用于多类别、大批次的柔性生产。在生产产品上，其稳定性使其能够很好地改善产品质量并提高生产率，在优化产品的同时又对产品的更新有着重要影响。因此，工业机器人并不能从简单意义上看作是人工劳动，它是一种结合了人和机器各自优点的仿人自动化机械设备，不仅具有人们对外部环境的反应力和判断力，还能长期连续的工作，具有较高的精度和应对糟糕条件的能力。从某种意义上说，其不仅是工业和非工业领域不可替代的生产设备，更是先进制造技术行业必不可少的自动化设备。

图 2-7 汽车制造中的工业机器人

（2）特殊灾害型机器人。特殊灾害型机器人的研究主要是用来应对核电站事故和 NBC（核、生物和化学）等危险品的恐怖袭击。此类机器人通常都装配轮胎，能够在各种复杂的路面上移动，在事故现场能够代替人工去测量现场的辐射、细菌、化学物质及有毒气体等情况，并将所测得的数据传输回指挥中心。工作人员在对数据进行分析后做出合适的解决方案，进而安全有效地处理危险事故。

美国 iRobot 公司研发的 PackBot 系列机器人（图 2-8）能够在崎岖不平的地形环境下行走，还能在楼梯上进行爬行，其主要是用来执行一些不便于人类做的侦察、勘测危险品泄漏以及废墟中寻找幸存人员等任务。如图 2-8 所示。

图 2-8 PackBot 机器人

（3）医疗机器人。医疗机器人即在医院或康复机构用来医疗恢复或辅助康复的机器人，属于一种智能化的服务型机器人。此类机器人能够自行规划操作，即根据实际情况来决定后续执行的程序，最后将动作转换为结构的运动。

①例如，外形和普通胶囊没有差别的“胶囊内镜机器人”（图 2-9），其采用了遥控胶囊内窥镜系统。在这个智能控制系统中，医务人员可以利用胶囊软件来控制胶囊机器人在人体内运动，可以查看到病人胃部的照片，然后图像数据通过无线网络传输回计算机，以此来观察胃黏膜并做出诊断。相较于普通的胃镜，胶囊机器人的诊断更加准确而且减少了病人的痛苦，一次性的特点也避免了交叉感染的风险。因此，这类机器人提高了消化道检查的效率，降低了消化道疾病的晚期发病率，不仅对医疗行业有着重要影响，对人们的健康也有着重要意义。

图 2-9　胶囊内镜机器人

②达芬奇手术机器人（达芬奇高清晰三维成像机器人手术系统）共有三大组成部分：

a. 根据人体工程学设计的医生操作系统；

b. 拥有 3 个器械臂和 1 个镜头臂组成的 4 臂床旁机械臂系统；

c. 高清晰三维视频成像系统。

达芬奇手术机器人作为当前世界上最先进的手术机器人，其在微创外科手术上的应用非常广泛。例如，在普外科、心血管外科、胸外科及小儿外科等方面的微创手术，都能够通过它来完成。同时，它也是全世界仅有的获得 FDA（美国食品药品监督管理局）批准应用于外科临床治疗的智能内镜微创手术系统。如图 2-10 所示。

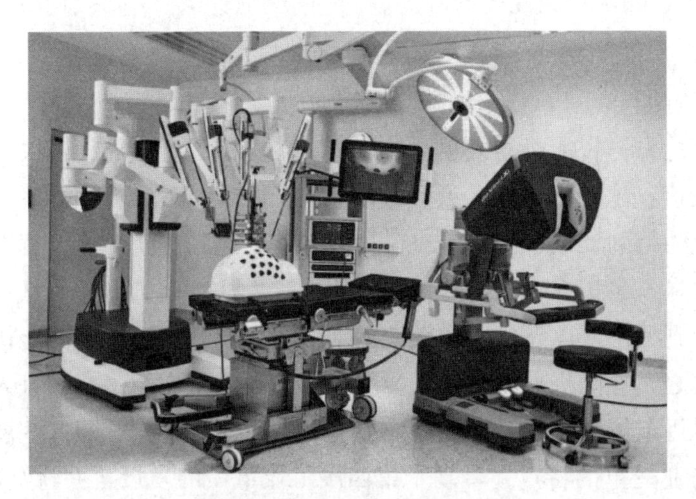

图 2-10　达芬奇手术机器人

（4）智能人形机器人。

智能人形机器人也可以被称作仿人机器人，同时它还是一种智能机器人。人形机器人的机械结构极其复杂，其每个“关节”处可配置多达 17 个服务器，自由度也能达到 17 个，动作非常灵活，能够完成手臂后摆 90° 等高难度动作。

由于其设计有先进的控制系统，因此可以通过编程设计来使其完成各种动作，如跳舞、行走及翻跟头等。人工智能技术下的人形机器人也为各个领域的发展带来了机遇和挑战。在世界范围内的发展和应用不仅在规模上体现出逐渐扩大的趋势，在创新的应用上也呈现出增长的势头。

图 2-11 是一个名叫“阿尔法”的人形机器人，这个机器人具有编辑动作等智能化的扩展学习能力，是个名副其实的智能机器人。

图 2-11　“阿尔法”智能人形机器人

2.1.3 智能机器人的发展历程

在人工智能与互联网、网络设备和大数据紧密结合的背景下，云平台依托强大的计算能力，智能机器人也开始逐渐具备更深的感知能力与决策技能，将会越来越灵活、越来越熟练，更具有普遍性，同时，其在复杂环境中的适应性和自主性也将得到提高，能够应对各种多样化的场景。实际上，智能机器人的应用范围也在不断扩大，从制造业到科研探索、从水面到海洋、从天空到外太空、从极地到另一端以及核子和微波活动的研究都开始出现了智能机器人的身影。总而言之，智能机器人和人工智能之间的联系越来越紧密，且人工智能技术的特征也逐渐体现在了其环境适应能力和自主能力方面，而这些能力也突出了新一轮产业变革的特点，带动了第四次工业革命的发展，并将结合了感知、认知与行为能力的智能机器人看作第四次工业革命最突出的表现①。

机器人的发展通常分为三个时代：1960—2000 年的第一代（电气时代）机器人；2000—2015 年的第二代（数字时代）机器人；2015 年以后的第三代（智能时代）机器人。如图 2-12 所示。

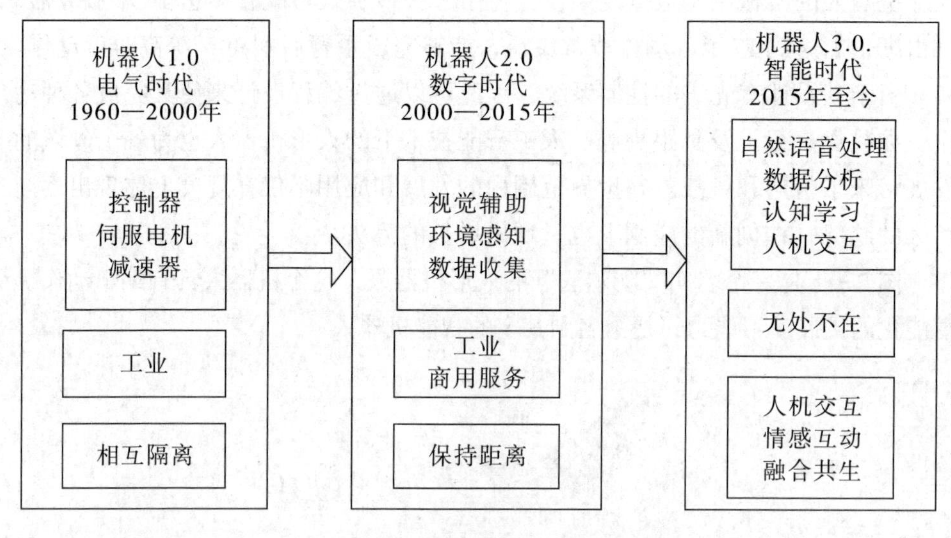

图 2-12　机器人的发展

第一代智能机器表现为传统工业机械和无人机械的机电一体化，因此也可以称为工业机器人。第一代机器人采用简单的传感器设备，如工业机械手的联合编码器和 AGV 磁性标签，其智能化的水平非常低，它的研发主要集中在机

---

① 卢金燕 . 机器人智能感知与控制 [M]. 郑州：黄河水利出版社，2020:1-11.

械结构设计、电机驱动、运动控制和传感器等方面。这类机器人多为 6 自由度的多关节机械手、并联机器人、SCARA 机器人以及电磁导轨 ACC 或 AGV。此外，在非制造业领域第一代机器人的例子有线性追踪无人机，它能够通过程序设计来对目标进行追踪，也只能应用在室内或固定线路的条件下，因此在那个时代，代替人工来工作的机器人只占到了 5%。

第二代智能机器人（Robot 2.0）有着局部环境感知、自主推理和决策、自主规划的特征，尤其是体现在视觉、力 / 触觉、语音等方面的识别能力。与第一代机器人相比，它具有更高程度的环境适应和感知能力以及一定的自主能力。在结构设计方面，还需考虑其安全性、灵活性、易用性及低耗能等特性，特别是发展具有交互能力的仿生机械臂或其他结构。在制造业领域，瑞士 ABBYuMi 公司的双臂合作机器人、美国 Reinsight Robot 公司的 Baxer 和 Sawyer 机械手、丹麦 Universal 公司的 UR10 等都是第二代机器人的具体体现。在非制造领域，第二代机器人具体体现为无人驾驶汽车、达芬奇手术机器人、波士顿动力公司的“大狗”“猎豹”“阿特拉斯”“手柄”以及本田公司研发的 ASIMO 人形机器人等智能机器人。

在第二代机器人发展阶段的生产生活中，以具有环境适应能力的第二代智能机器人来替换人的占比高达 60%，甚至在一些大企业的生产车间可以达到 100% 的全自动化流水线生产。伴随着将深度学习作为基准的弱人工智能的快速进步，尤其是在拉进机器人的视觉和语音识别能力与人类之间差距的过程中，其应用范围和实用性都得到了巨大的提升。预测在几年之内，其对制造业的经济帮助可能要高出传统工业机器人数十倍。

第三代智能机器人最终想要实现的是逐渐具备认知能力的智能机器人。除了第二代的所有功能外，第三代智能机器人将拥有更高水平的环境感知、认知、人机交互以及自主学习的能力。软银公司发布的能与人进行语音交流、具有人脸跟踪和识别以及情感交互能力的消费类智能仿人机器人“Pepper”是第三代智能机器人的具体体现。此外，第一个获得沙特公民身份的机器人“索菲亚”也体现出了第三代机器人的认知、分析判断和决策以及情感互动等能力的特点，但它也饱受争议[12-14]。

总而言之，由于深度学习的局限性和原有人工智能理论的停滞，尤其是在人工智能领域发展步伐持续加快，智能机器人占据了一部分泡沫领域的情况下，人工智能可能逐渐开始回到之前的主道路上。

2.2 智能感知系统

2.2.1 智能感知的概念

20世纪70年代，在全世界范围内首次兴起了人工智能的浪潮。自第一代人工智能神经网络算法建立以来，《数学原理》中的绝大多数的数学公式及原理都可以被其证明出来。80年代，第二次人工智能爆发时，Hopfield Network（霍普菲尔德网络）已经被建立，这也使得人工神经网络有了存储记忆的特点。到目前为止，人工智能的第三次浪潮正在兴起，人工智能早已不仅仅是一个缥缈的概念，而是一个能够在各个领域发挥巨大作用的实体技术。实际上，当人们还在畅想着人工智能时代的机器人时，其实它早已进入我们生活生产的各个领域，也正在影响着人们的生活，使得人们的生产生活更加智慧，更加舒适。

通过科学家数十年来积累的经验和研究，人工智能的发展方向主要分为运算智能、感知智能和认知智能。目前，这一观点已经得到各行各业的赞同。

1.运算智能

运算智能是快速的计算能力以及强大的存储记忆能力。其实，在人工智能的各个子领域，其发展阶段以及发展水平并不同步。在运算智能的发展阶段，人工智能最大的优势就是运算和存储能力。20世纪末期，IBM的“深蓝”计算机击败了国际象棋冠军卡斯帕罗夫，自此，人类也就无法在与强大计算机的对战中取得胜利了。

2.感知智能

感知智能指的是视觉、听觉、力/触觉等计算机具备的感知能力。生物体都可以通过自己的器官来感受外界的环境，通过大脑进行分析，进而与自然进行交互。例如，在无人驾驶汽车的行驶过程中就是通过激光和雷达等多种感知设备（传感器），以及处于汽车内部的计算机深度算法来实现汽车对外部环境状况的感知，以此来实现避障和行驶等动作。其实，与人类的感知相比，机器的感知更有优越性，因为机器的感知是主动的，而人类的感知是被动的，如激光雷达、红外雷达和微博雷达。无论是类似于“大狗”这样的机器人，还是无人驾驶汽车，都有采用深度神经网络（deep neural networks, DNN）和大数据的过程，因此机器人在感知外部环境方面才逐渐拉近与人类的差距。

3. 认知智能

认知可以理解为机器的理解和思考的能力。因为人类有语言，所以可以交流，也有想法和推理，因此，概念和意识都可以看成人类认知能力的体现。在人工智能领域中，认知智能可以说是智能科学的最高发展阶段，以人类的认知结构为基础，将模拟人类核心思维能力作为目标，把对于信息数据的理解、存储以及应用当作研究方向，以感知和自然语言信息的深度理解为突破口，以跨学科理论体系为指导，形成新一代理论、技术及应用系统的技术科学。现如今，人类也正在准备从感知智能走向更高水平的认知智能①。

在我们的日常生活中，像智能语音和人脸识别这类设备的技术主要集中于“感知智能”的水平上。怎样使机器来模拟人的大脑来获取、理解、推理和决策外部的信息，以及如何有效精确地感知外部环境的信息也是目前人工智能发展阶段正在解决的问题。

随着机器人技术的发展，任务的难度也越来越大。感知技术给机器人以感觉，提高了机器人的智力，也为其高精度、高智能的工作提供了依据。传感器是一种能够感觉外界环境并根据特定的规律将其转换为输出信号的设备，是机器人的主要信息来源。从生物学的角度来看，可以将计算机看作处理和识别信息的“大脑”，把通信系统看作传递信息的“神经系统”，传感器就是“感觉器官”。

感觉是人类了解自然世界和掌握自然规律的实际方法之一。一个人有视觉、听觉、嗅觉和触觉等感觉可以将其看到、听到、嗅到和触摸到的外部信息传送到大脑进行处理，从而识别世界。配备智能传感器的机器可以通过各种智能传感器功能与自然进行交互。下面三个例子可以简单地理解感知智能的应用：

无人驾驶汽车——通过激光雷达和智能算法等人工智能技术来实现智能感知。

智能路灯——感知运动体的位置，以此来实现灯光的亮度。

“大狗”机器人——其内部的各类传感器能够使其姿态随外部环境的改变而改变，并且操作者还能对机器人进行定位和系统监测。

---

① 李生，苏功臣．人工智能正在从感知走向认知[J]. 民主与科学，2019（6）：26-29.

2.2.2 智能感知的构成

智能感知是一个监测并控制外部环境与条件的基础手段和系统。监测过程中的传感器和信号收集系统就是完成信息获取的机构。

通常来说，智能感知系统有传感器、中间变换设备以及显示记录存储装置。传感器负责将外部信息源收集过来，中间变换装置将其转化为计算机能够识别的信号并将其存储，最后在分析与处理部分，通过对收集的数据进行整合分析，进而做出相应的判断[29]，如图 2-13 所示。

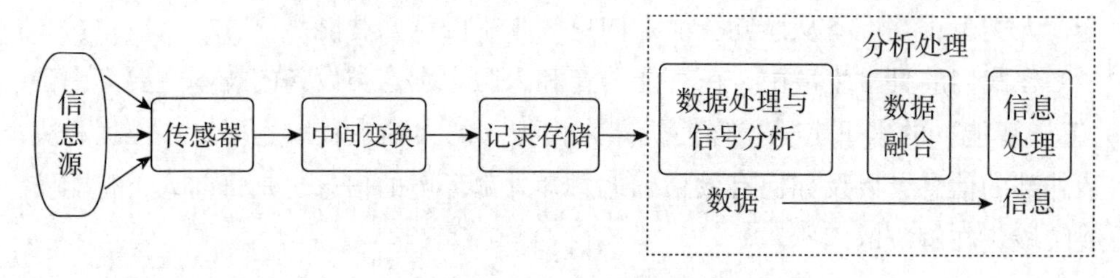

图 2-13　智能感知系统的组成

在智能感知技术中，其智能主要包括语言智能、数学逻辑智能、空间智能、身体运动智能、音乐智能、人际智能、自我认知智能和自然认知智能等。

1. 语言智能（linguistic intelligence）

语言智能即可以有效地通过使用简单语言和文字来表达思维并且去理解其他人的能力，还有灵活地理解句意和语法、思考和表达语言更深层次含义的能力，并将这些能力结合起来灵活使用。具有语言智能的机器人能够胜任的工作有节目主持、律师辩护、演说、写作、采访及授课等。

2. 数学逻辑智能（logical-mathematical intelligence）

数学逻辑智能可以理解为能够高效地计算、测量、推理、归纳、分类，并执行数学运算的能力。这种智能的灵敏性体现在逻辑方法、关联、命题和函数等抽象问题上。具有数学逻辑智能的机器人适合的工作有科研、会计、统计、工程及软件开发等。

3. 空间智能（spatial intelligence）

具有空间智能的机器人能够准确感知外部的视觉空间和周围的各种环境，还可以将所感知的内容通过图像的形式表达出来。空间智能的特点是对颜色、线条、形状以及空间关系具有敏感性。这类机器人适合的工作有建筑设计、摄影及绘画等。

4. 身体运动智能（bodily-kinesthetic intelligence）

身体运动智能即通过机器人的整体来表达其感受和思维逻辑，以及灵活地使用双手来操作目标物体的能力。身体运动智能的特点体现在其身体技巧上，如稳定、协作、灵敏、力量和速度等能力。适合这类机器人的工作有运动员、演员及舞蹈家等。

5. 音乐智能（musical intelligence）

音乐智能即可以灵敏地感知曲调、旋律和音色的能力。其特点是对节奏、韵律和音色具有很高的敏感性，并具备很强的表演、创作和感知韵律的能力。这类机器人能够做的工作有唱歌、作曲、乐队指挥、乐曲评论和调音等。

6. 人际智能（interpersonal intelligence）

人际智能即理解他人并与他人进行沟通的能力。其最突出的特点在于能够快速识别他人的情绪和感受，识别不同人与不同人之间的关联关系，并且还能够对这些复杂的关系做出相应的反应。这类机器人适合的工作有外交、企业管理、心理咨询、公关及推销等。

7. 自我认知智能（intrapersonal intelligence）

自我认知智能即能够实现自识和自知，并且可以根据其认知做出相应行为的一种智能。具有自我认知能力不仅可以认识到自身的优点和缺点，还能认知到其爱好、感情、性格等，以及拥有像人类一样自主思考的能力。能够应用到这类机器人的学科领域有哲学、政治及心理学等。

8. 自然认知智能（naturalist intelligence）

自然认知智能即观察自然界中的各种事物，对物体进行辨别和分类的能力。其特点是具有很强的好奇心和求知欲以及敏锐的观察能力，通过其认知智能来识别各种事物之间微小的不同。其能够应用的学科领域有天文学、生物学、地质学及考古学等。

2.3　智能感知的关键技术

2.3.1　无线传感网络感知技术

无线传感器网络是一种自组织网络，它由大量随机放置在监测范围内的网络节点构成。按照传感网络节点的功能分类，可分为传感节点、汇聚节点和管理节点。在监测范围内，首先将各网络节点传感器获取到的环境信息以自组网的方式通过多种传输途径传输到汇聚节点，再由网络将传感器信息传输到管理节点，这便是无线传感网络的工作过程[23]。无线传感网络的应用无处不在，未来的发展将会更加值得期待。

1. 传感网络与 WSN

无线传感网络（wireless sensor network, WSN）是一种大规模、无线、自组织、多跳、无分区、无基础设施支持的网络。无线传感器网络主要是应用很多低成本的微型传感器，并将这些传感器节点配置在监测区域内通过无线通信技术组成的一种多跳自组织网络系统①。

传感器网络由一组空间分散的传感器节点组成，传感器节点将传感器、数据处理单元和通信单元整合在一起，收集环境信息，并根据融合后的信息向环境提供适当的反馈。这种网络想要实现的是协同感知、收集和处理网络覆盖范围内所监测目标的信息，并将其发送给操作者。因此，无线传感器网络的三个基本要素分别是传感器、传感对象和操作者②。

无线传感网络的体系结构模仿了 Internet 的 TCP/IP 和 OSI/RM 的架构。此结构由下至上依次为物理层、数据链路层、网络层、传输层和应用层，并且每一层都有电源管理、移动管理和任务管理模块（图 2–14），这都是无线传感网络独有的。

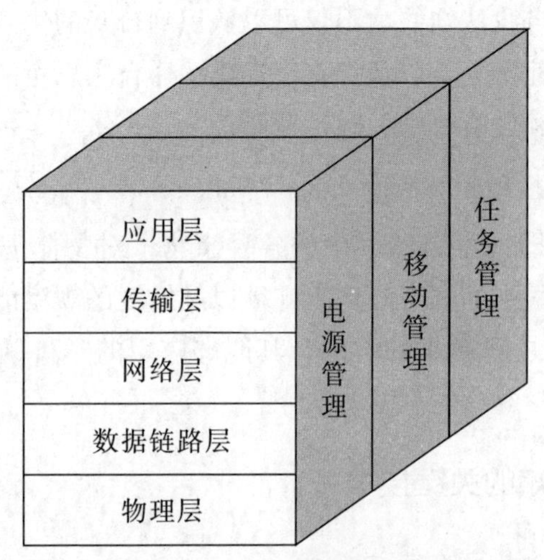

图 2–14　无线传感网络协议体系结构

① 孟繁玉．网络安全态势感知与人工智能 [J]. 中国信息界，2019（4）89-91.

② 王晓娜，李晓宇，李芙蓉．人工智能及大数据的网络安全态势感知研究 [J]. 网给安全技术与应用，2021 (5)：73-74.

2. 无线通信技术

（1）ZigBee。ZigBee 也被称为“紫蜂”，是一种短距离的新型无线通信技术，包括一类数据传输速率较低的电子元件及设备。其底层是基于 IEEE 802.15.4 协议标准的媒体接入层和物理层。ZigBee 的主要特点是低速度、低功耗、低成本及低复杂度，并且支持大量在线节点和多种网络拓扑结构。

ZigBee 无线通信技术可以实现基于特定无线电标准的数千个微型传感器之间的协调通信。因此，这种技术通常被称为 Home RF Lite（家用射频）无线技术或 FireFly 无线技术。ZigBee 无线通信技术也能用于基于无线通信的小规模控制和自动化领域。它可以避免计算机设备与一系列数字设备之间的电缆连接，实现对互联网通信的连接。

（2）6LoWPAN。6LoWPAN 是一种基于 IPv6 的低速无线个域网标准，即 IPv6 over IEEE 802.15.4。

6LoWPAN 被称为具有基于 IPv6 的协议的 WPAN 网络，6LoWPAN 所具有的低功率运行的潜力使它很适合应用在从 PDA（手持终端）到仪器的设备中，而其对 AES-128 加密的内置支持为强健的认证和安全性打下了基础。

IEEE 802.15.4 协议标准旨在开发紧凑、低功耗、低成本的类似于传感器一类的嵌入式设备。该协议采用与 Wi-Fi 相同工作频段的 2.4 GHz 无线电波传输数据，但它的射频发射功率仅为 Wi-Fi 的 1%，从这一点上来看，其限制了 IEEE 802.15.4 设备的传输距离。因此，多台设备必须一起工作才能在更长的距离上传输数据和避过阻碍。

由于部署的大多数网络都基于 IPv4，因此需要将传统 IPv4 与新引入的 IPv6 网络进行互操作。图 2-15 描绘了在网关和隧道的帮助下将 IPv6 转换为 IPv4 的过程，反之亦然。6LoWPAN 协议在 IPv6 上执行两项操作，即封装和报头压缩，以便从基于 IEEE 802.15.4 zigbee 的网络发送和接收符合 IPv6 的分组。

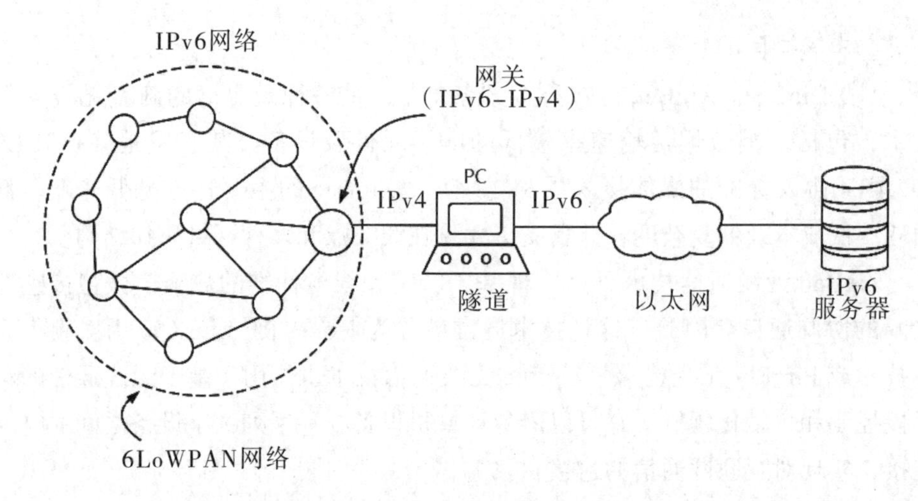

图 2-15　6LoWPAN 协议概述图

这种网络中有两种类型的节点，即终端节点和网关。终端节点由符合 6LoWPAN 标准的无线电、传感器和供电电池组成。端节点收集信息并将其发送到网关，在其基础上创建网状网络。网关从端节点获取信息，并使用以太网接口将其传递给 IPv4 / IPv6 服务器。网关由 6LoWPAN 兼容无线电、以太网接口和电源组成。6LoWPAN 无线电可用于 Zigbee 2.4 GHz、868 MHz 和 915 MHz 频段。

（3）蓝牙（bluetooth）。蓝牙作为一种无线通信的技术，能够实现在固定设备、移动设备和楼宇个人局域网之间的短距离数据交换。蓝牙在世界范围内的工作频率在 2.4 ～ 2.485 GHz 的 ISM 频段，UHF 无线电波，使用 IEEE 802.15 协议。

此外，蓝牙还是一个开放的全球无线数据和语音通信规范。它基于低成本的短程无线连接，为固定和移动设备之间的通信环境进行特殊连接。其实质是为固定设备或移动设备之间的通信环境建立一个通用的无线电空中接口（radio air interface），并将计算机和通信技术深度融合，使各种 3C 设备——Communication（通信设备）、Computer（电脑设备）、Consumer（消费类电子设备）能够在短距离内无须电线电缆即可相互通信。简而言之，蓝牙技术即使用低功率无线电在各种 3C 设备之间进行数据传输的技术。

作为一种小型无线网络传输技术，起初用来取代红外通信。在实现便捷、快速、安全的数据通信和语音通信时，其成本不高、功耗也较低，所以，蓝牙

技术是无线个人局域网通信的主流技术之一，与其他网络连接可以带来更广泛的应用。

（4）Wi-Fi。Wi-Fi 是由无线访问节点（access point，AP）和无线网卡组成的无线网络。无线访问节点是传统有线局域网络与无线局域网络之间的桥梁，工作原理与一个内置无线发射器的 HUB（多端口转发器）或者路由类似，无线网卡则是用来接收由无线访问节点发射的信号的设备①。

Wi-Fi 在中文中也称为“行动热点”，它是基于 IEEE 802.11 标准的无线局域网技术。无线网络是指无线局域网范畴中的“无线兼容性认证”，它既是一种商业认证，还是一种无线网络技术[28]。在之前，计算机通过网线连接，而 Wi-Fi 通过无线电波连接，最常用的是无线路由器。Wi-Fi 连接可用于在无线路由器无线电波覆盖的有效范围内联网，如果无线路由器连接到 ADSL 线路或其他互联网线路，也可称其为“热点”。

总而言之，Wi-Fi 与蓝牙技术有相似之处，都是短距离内的无线通信技术。

3. 协作感知

基于信息感知的不同性质和不同类型的形式以及内容上的不一致，不同的传感器取样方法和定量的差异会导致传感器信息的误差以及知识的局限性。一个不完整的时间和空间信息的相关性会造成初始传感器数据的不稳定和高冗余，因此，有必要研究协作感知网络信息的更好方法。

传感器协作感知网络包括传感器网络布局、网络通信和数据融合等多个方面。近年来，随着传感器网络技术的发展，传感器节点的成本不断降低，因此配备大量的传感器节点来弥补质量将成为一个可研究的方向。但还有一个关键的问题就是怎样才能对如此多节点间的传感器进行协同处理和管理执行感知任务，因此需要考虑传感器节点的拓扑结构、网络延迟、功耗和信息融合算法的开发。

协作信号处理通过协调不同节点的测量和传输时序，由传感器节点根据网络资源分布和测量目标协作，以满足降低能耗、高精度测量的需要，实现无线传感器网络信息融合。能量消耗、通信带宽和计算能力是传感器网络协同测量感知的三大制约因素，协同信号处理方法必须同时考虑每个传感器节点的通信负担、计算能力和剩余能量，使得数据融合过程能够在满足某些精度要求之前将通信和计算能耗最小化。

① 郭晓玲 . 无线传感器网络 [M]. 北京：中国铁道出版社，2018:90-93.

2.3.2 被动无线感知技术

被动无线感知是指通过处在无线网络中的生物体对无线信号的反射、折射、掩蔽等效应，搭建无线信号与生物状态之间的功能关系，感知周围环境中的各项行为动作，其中有对位置、手势、姿态和运动轨迹等的感知。被动无线感知技术最突出的一点就是操作者不需要装备其他设备，基于其穿透性也无须照明，因此使用者不再受物理设备的约束。这样不仅降低了硬件设备费用，提高了覆盖范围，还保护了使用者的隐私。它是一种非常有前途的智能感知技术。

总的来说，人工智能的智能感知技术主要分为三个方面：一是传感技术，二是无线传感网络，三是无线感知技术[27]。只有明确这三个感知技术的具体工作并将其协同合作，才可以真正感知环境，为人工智能步入认知智能阶段奠定坚实的基础。将人工智能真正地应用于实际的生产上，还需要智能感知技术有更长远的发展。

2.4 智能机器人感知技术的发展

随着材料、制造技术和传感器的发展，人工智能捕捉信息的能力有了很大的提升。首先，人类利用各种环境信息材料的特殊效果来制造各种识别世界的传感器，那就是感知技术。但是，因为通信技术存在一定的缺陷，部分信息将逐渐孤立为一个信息荒漠，因此需要推动传感器技术加快向网络或无线传感器网络技术进一步发展。

无线传感器网络是一种自组织网络体系，它由分布在测量范围内的多种传感器组成，能够高效准确地测量外界的信息，并且基于体积小、易安装等特点，也是目前备受关注的研究课题。

最新的一项数据表明，无线信号会根据处于无线网络中的生物体行为的变化而变化，智能感知技术可以通过这个发现来进行识别与定位，其信息的传输并不需要其他装置，因此称其为无线感知。由此一来，便能够通过无线感知技术来感知处于无线网络中的各种物体，若对其做进一步研究，将会给人类的生产生活带来更多的便利。

未来智能感知技术的发展首先应该更专注于智能感知机器人。未来的智能机器人需要多种智能感知系统和更灵敏的图像处理、听觉、力觉，还要有更先进的“大脑”和思维机制，能完全听懂人类语言并且形成一种和人类似的感知

模式。这就需要对感知信息进行智能的评估和分析，在全球定位、目标识别和对环境的理解等方向上进行障碍识别……还有很多的问题需要被解决①。

未来的无人驾驶汽车与智能交通系统将会对智能感知技术提出更高的要求。在21世纪初期，无人驾驶汽车表现出了一种接近实用性的发展趋势。基于传感器技术，各技术领域协同合作，智能交通管理系统将会成为更加准确、高效的综合交通管理办法。想要更好地实现智慧交通，在了解其周围道路环境的同时还必须对其管辖范围内的车流量、车分布以及气候变化等情况做出具体分析。在将来的多平台协同作战传感器管理系统上，应该使用一个数据链路层的协调（全方位或定向），并将其作为平台之间的传输通道来支持作战过程中各作战平台的信息交流。平台之间相互协调，对目标进行探测和攻击，其目的是实现协同攻击和防御。

智能感知系统的发展趋势是人工智能领域与控制工程的结合，这是一种具备智能感知、智能信息反馈和智能管理解决方案的系统。在工业装置的智能感知上，由于其复杂程度较高，智能感知也面临更大的挑战。针对其改变的场景和物体，需要不同的传感器来收集信息。首先需要做的是充分采用人工神经网络模型，基于其自主学习和容错性的特点进行全面输入的学习，以此来获得各种场景和物体的特征，最后使用专家系统以及其他推理规律来实现对目标和行为的识别并提供解决方案。

① 梁桥康，王耀南，孙炜．智能机器人力觉感知技术[M].长沙：湖南大学出版社，2018:15-17.

第3章　智能感知技术中的传感器

传感器技术是一种多学科交叉的科学技术，它从环境和过程中获取信息，并进行转换和识别。它包括规划、设计、开发、生产、施工、测试、应用，传感器评估及相关信息处理和识别等技术。传感器获取其所感知环境的数据信息的质量取决于传感器本身的功能状况和质量的高低，而使机器人拥有更高效的感知系统的关键就在于此。信号处理技术包含了信号预处理、信号后处理、特征提取和选择等技术，其主要作用是对获取的信息数据进行处理、辨识并分类。识别目标与特征信息的关联模型可用于识别、匹配以及对输入数据特征数据集进行分类和估计。

3.1　传感器概述

3.1.1　传感器的定义

传感器技术作为现代十大发展技术之一，其总体上可以分为三代：第一代是结构传感器，它使用结构参数变化来检测和转换信号，如热敏电阻；第二代是固态传感器，这种传感器由半导体、磁性材料等固体元件组成，利用材料某些特性制成，如霍尔、超声波传感器等；第三代是智能传感器，它是微电脑技术和检测技术的结合，对外界信息具有一定检测、自诊断、数据处理以及自适应能力，并且该传感器还可与生物仿生学相结合，生产各种生物传感器[①]。

自然界本身就包含了传感器，其通常具有电化学性质，即它的输出形式是离子传输形成的电信号。例如，眼睛将光的强度转换成一种信号，这种信号存在于连接大脑的神经纤维中。因此，人类制造的传感器通常有一个基于电子的

①1. 毕欣.自主无人系统的智能环境感知技术[M].武汉：华中科技大学出版社，2019:6-9，

输出信号，但需要注意的是，离子和电子都带有电荷，因此可以用来携带包含信息的电信号。这个信号被电子电路处理（放大、滤波及量化等）来确保信息的完整性并将其转换成一种便于处理、存储和通信的形式。现在的计算机几乎都是数字化的个人计算机或嵌入式电子电路计算机，因此，传感器的最终目的是以数字形式提供关于某些现象 / 物理参数的数据信息。从这个角度来看，传感器系统不仅具有传感器元件，还有电子信号的处理（放大、滤波等）和从模拟到数字的转换以及传输信息的能力。集成传感器的典型架构如图 3-1 所示。

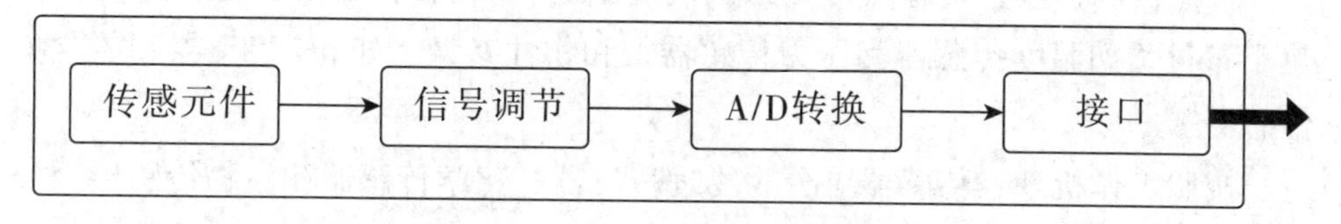

图 3-1　集成传感器的典型架构

信号处理电路可以有不同的用途，它可以用来调节信号电平（放大或衰减），去除不需要的频率分量，并补充那些不希望受到影响的量（通常是温度）。此外，它还可以用来提高输出电压和被测量之间的线性关系。

随着技术的进步，集成传感器逐渐发展成为智能传感器。图 3-2 为智能传感器的典型组成。它集成了一个能够处理信息的元件，且该元件通常是一个微控制器，能够将信号从模拟信号转换为数字信号，对信号进行数字处理（如滤波），并根据所包含的信息进行计算。因此，传感器的“智能”是由于这个微控制器的存在，以及它带来的自我判断、自我识别和自我适应的可能性。因此，智能传感器具有许多优点，能够在精度、速度和能耗方面优化其操作，同时，相较于没有智能的传感器系统更加稳定可靠，还有能力对其功能进行改进。

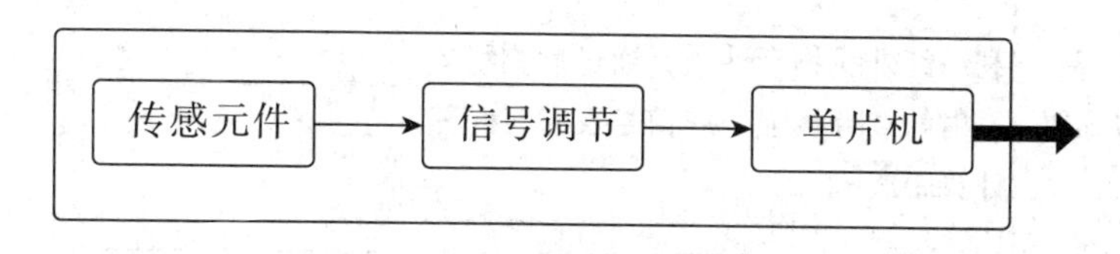

图 3-2　智能传感器的典型组成

从物联网的角度来看，传感器是构成物联网的基础单元，是物联网的耳目，是物联网获取相关信息的来源。关于传感器的概念，国家标准 GB/T 7665—2005 是这样定义的：“能感受被测量并按照一定的规律转换成可用输出信号的器件或装置，通常由敏感元件和转换元件组成。”也就是说，传感器是一种检测装置，能感受到被测量的信息，并能将检测感受到的信息，按一定规律转换成电信号或其他所需形式的信息输出，以满足信息的传输、处理、存储、显示、记录和控制等要求[16]。它是实现自动检测和自动控制的首要环节。

3.1.2 传感器的分类

传感器根据不同的标准可以分成不同的类别①。

按照被测参量，传感器可分为机械量参量（如位移传感器和速度传感器）、热工参量（如温度传感器和压力传感器）和物性参量（如 pH 传感器和氧含量传感器）。

按照工作机理，传感器可分为物理传感器、化学传感器和生物传感器。

按照能量转换，传感器可分为能量转换型传感器和能量控制型传感器。

按传感器使用材料，传感器可分为半导体传感器、陶瓷传感器、复合材料传感器、金属材料传感器、高分子材料传感器、超导材料传感器、光纤材料传感器和纳米材料传感器等。

按传感器输出信号，传感器可分为模拟传感器和数字传感器。

目前，传感器主要分为超声波传感器、红外线传感器、激光扫描仪、毫米波雷达以及立体视觉摄像头，各自优劣势如表 3-1 所示。

表 3-1　传感器类型介绍

传感器类型	原理	优点	缺点
超声波传感器	利用超声波反射特性研制，检测距离短，主要用于近距离障碍物检测	数据处理简单快速	环境适应性差，精度低
红外线传感器	利用红外线物理性质，通过检测物体发射的红外线强弱或信号发射时间差计算距离	环境适应性好，功耗低	距离短，受制于环境
激光扫描仪	发射旋转激光束探测周围物体以建立 3D 地图	具有三维建模功能，精度高	易受环境干扰，成本高

① 毕欣.自主无人系统的智能环境感知技术 [M].武汉：华中科技大学出版社，2019:16-60.

续　表

传感器类型	原理	优点	缺点
毫米波雷达	工作波长在 1 ～ 10 mm 波段的雷达	可测距离远（大于超声波传感器），抗干扰强	成本相对高
立体视觉摄像机	利用人体双眼立体视觉建立原理判定距离、深度、凹凸等信息	成本低，是最具商业化可能的技术	技术研究仍较落后

以上对传感器各种分类方法的介绍，可以通过表 3–2 对其进行简要整理[19–20]。

表 3–2　传感器分类表

分类方法		说明	举例
按输入量分类		传感器以被测物理量分类，即按用途分类，便于用户选择	位移传感器、速度传感器、温度传感器、压力传感器等
按工作原理分类（变换原理）		传感器以工作原理命名，便于生产厂家专业生产	应变式、电容式、电感式、压电式、热电式等
按物理现象分类（信号变换特征）	结构型	传感器依赖其结构参数变化，实现信息转换	电容式传感器
	物性型	传感器依赖其敏感元件物理特性的变化实现信息转换	压电式传感器
按能量关系分类	能量控制型	由外部供给传感器能量，由被测量来控制输出的能量	电容传感器
	能量转换型	传感器直接将被测量的能量转换为输出量的能量	温度计
按输出信号分类	模拟式	输出量为模拟量	
	数字式	输出量为数字量	

3.1.3 传感器的基本特性

1. 静态特性

静态特性是指当传感器中传输的是稳态信号时，其输出 - 输入信号的关系。判断传感器静态特性的四个性能指标分别是线性度、灵敏度、迟滞和重复性[30-32]。

（1）线性度。传感器输出与输入信号之间的线性程度叫作线性度，即非线性误差。线性度的表达式为

$$\gamma_{\mathrm{L}} = \pm\frac{\Delta L_{\max}}{Y_{\mathrm{FS}}}\times 100\% \tag{3-1}$$

其中，γ_{L} 为线性度；$\Delta L_{\max}$ 是最大非线性绝对误差；Y_{FS} 为满量程输出。图 3-3 为传感器线性度示意图，实际曲线与理想曲线之间的偏差为传感器的非线性误差。

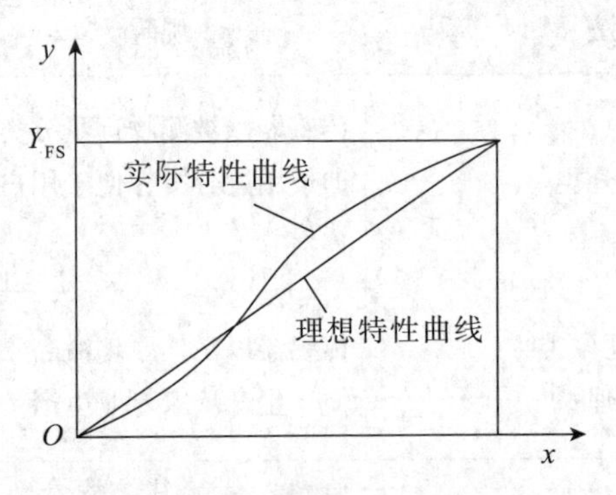

图 3-3 传感器线性度示意图

（2）灵敏度。在稳态输出变化量 dy 与引起此变化的输入变化量 dx 的比值，用 K 表示，即

$$K = \frac{\mathrm{d}y}{\mathrm{d}x} \tag{3-2}$$

（3）迟滞。迟滞（或称迟环）特性是用来描述传感器在正（输入量增大）反（输入量减小）行程期间输出 - 输入特性曲线不重合的程度。其产生原因主要是传感器机械部分存在不可避免的缺陷，如轴承摩擦、间隙、紧固件松动、材料的内摩擦和积尘等。

迟滞大小一般要由试验方法确定，其值用正反行程输出值间最大差值 $\Delta H_{\max}$ 对满量程输出 Y_{FS} 的百分比表示：

$$\gamma_{\mathrm{H}}=\frac{\Delta H_{\max}}{Y_{\mathrm{FS}}}\times 100\% \tag{3.3}$$

迟滞特性变化图如图 3-4 所示。

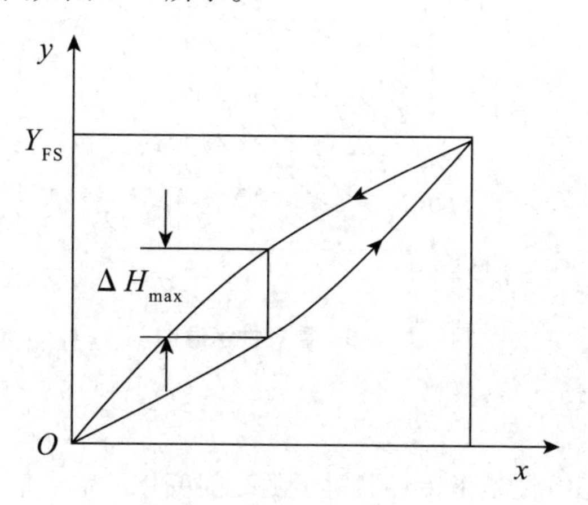

图 3-4　迟滞特性变化曲线

（4）重复性。在相同的工作条件下，在一段短的时间间隔内，输入量从同一方向做满量程连续多次重复测量时，输出量值相互偏离的程度便称为传感器的重复性。其产生原因与产生迟滞现象的原因相同，属于随机误差性质。重复性可由一组校准曲线的相互偏离值直接求得。

重复性 γ_{Z} 可用下式表示：

$$\gamma_{\mathrm{Z}}=\pm\frac{(2\sim3)\ \sigma}{y_{\mathrm{m}}}\times 100\% \tag{3-4}$$

标准偏差 σ 前的系数取 2 时，误差完全服从正态分布，置信概率为 95%；取 3 时，置信概率为 99.73%。根据均方根公式，可以计算：

$$\sigma=\sqrt{\frac{\sum_{i=1}^{n}(y_i-\bar{y})^2}{n-1}} \tag{3-5}$$

其中，y_i 为测量值；$\bar{y}$ 表示测量值的算术平均值；n 为测量次数。

图 3-5 展示了重复性的概念，且图中只显示出了三个测量循环。

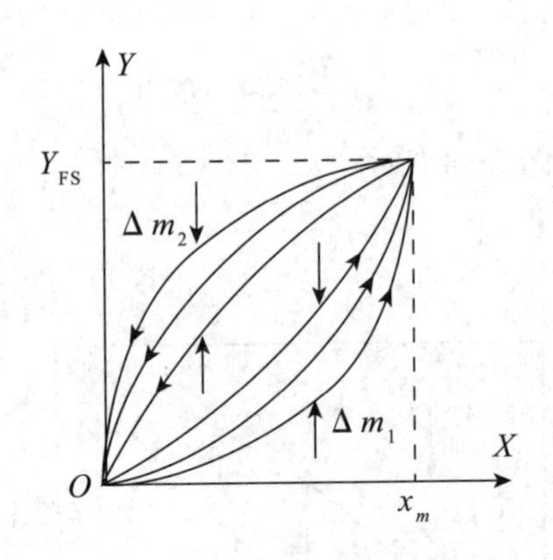

图 3-5　重复性示意图

2. 动态特性

传感器的动态特性是指传感器对于随时间变化的输入信号的响应特性，是传感器的重要特性之一。传感器的动态特性与其输入信号的变化形式密切相关，最常见、最典型的输入信号是阶跃信号和正弦信号。

3.1.4　传感器的应用

现如今，传感器技术已经大范围应用于生产生活以及军事之中。

在工业生产方面，传感器技术的应用对于产品质量以及生产智能化有着重要影响，既是基础也是动力。在产品质量上，传感器能够高效地检测零件大小以及缺陷等指标，不仅实现了对生产质量严格把控，还提高了对产品质量的管理效率。除此之外，在生产过程中传感器技术与运动控制技术、过程控制技术等学科的结合，不仅推动了工业生产的自动化与智能化，还提高了生产效率。

在平时生活方面，人类也离不开传感器技术。在生活中传感器应用最多的便是电器类，比如相机的自动对焦，空调、冰箱、电饭煲等的温度检测，遥控接收的红外检测，等等。此外，传感器也应用于工作中的扫描设备和红外传输设备。在人类都关注的医疗卫生方面，红外体温计、电子血压计和血糖测试仪等设备都有传感器的身影。

在军事方面，传感器技术在地面上的应用更加广泛。传感器具有体积小、易携带的特点，能够很好地用于埋伏和伪装，以及预警和监视等任务。目前，在军事上出现的传感器类型有震动传感器、磁性传感器、红外传感器、电缆传感器、压力传感器和扰动传感器等[21]。传感器技术不仅在地面上有着重要作用，在航空航天以及海洋水下领域中的作用更是举足轻重。表 3-3 所示为近

30 年内传感器在机器人身上的具体应用。

表 3–3　机器人应用多传感器实例

机器人（年代）	传感器类型	操作环境	融合手段
HILARE（1979）	视觉、声音、激光测距	人造未知环境	加权平均
Crowley（1984）	旋转超声	人造已知环境	可信度系数的匹配
DAPPA ALV（1985）	彩色视觉、声呐、激光测距	未知自然环境	小范围内平均最高
NAVLAB & Teregator（1986）	彩色视觉、声呐、激光测距	未知公路环境	多样可能性
Stanford（1987）	半导体激光、触觉、超声波	人造未知环境	卡尔曼滤波
HERMIES（1988）	多摄像机、声呐阵列、激光测距	人造未知环境	基于规则
RANGER（1994）	半导体激光、触觉、超声波	未知室外三维环境	雅克比张量与卡尔曼滤波
L IAS（1996）	超声传感器、红外传感器	人造未知环境	多种融合方法
Oxford & Series（1997）	摄像机、声呐、激光测距	已知或未知的工厂环境	卡尔曼滤波
Alfred（1999）	声音、声呐、彩色摄像机	未知室内环境	逻辑推理
ANFM（2001）	摄像机、红外探测器、超声波、GPS、惯性导航	已知或未知自然环境	模糊逻辑和神经网络
HSASC（2002）	加速度、声呐阵列、视觉边缘检测	城市或建筑物内未知环境	卡尔曼滤波
LRS EPFL（2006）	力传感器、力矩传感器、光纤位移传感器、磁共振成像	人体未知环境	专家系统
IPCR（2008）	力 / 力矩传感器、触觉传感器	已知环境下的门	基于规则
HCRG（2009）	激光测距仪、单目相机	室内复杂环境	无迹卡尔曼滤波

续　表

机器人（年代）	传感器类型	操作环境	融合手段
SCSCMU（2013）	激光测距仪、3D 深度相机	室内复杂环境	剃度细化

3.2 内部传感器

3.2.1 位移传感器

在机器人的设计中，对于位移的感知是最基础的需求。通常情况下，位移传感器有电阻式、电容式、电感式、光电式、霍尔元件、磁栅式以及机械式等。在位移传感器的选择上，机器人的动作到位率、定位准确度、重复效果以及其运动的范围大小等要求都是需要考虑的方面。

使用最多的位移传感器是电位计，它由一个线绕电阻（或薄膜电阻）和一个滑动触点组成。其中，滑动触点通过机械装置受被检测量的控制。电位式位移传感器通过利用导体的电阻大小取决于其长度这一原理，以及要测量位移的物体会引起导体长度的变化，来制造位移传感器[17]。实际上，电位式位移传感器有一个固定长度的电位器和一个沿着导体移动的滑片（图 3-6），角度传感器也有类似的结构组成，且电位式位移传感器使用的是导电薄膜而不是螺旋线。被测物体运动会带动滑片运动，滑片的位移使得其与电位器两端的电阻值和输出电压值发生变化，正是由于输出电压的改变，因此能够测出其位置和位移量。

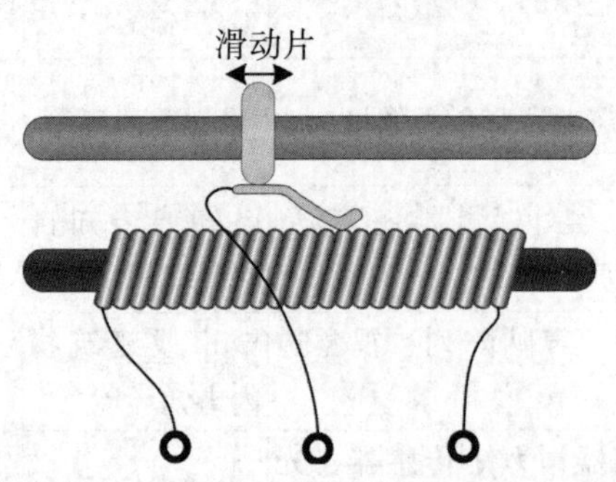

图 3-6　线性电阻式位移传感器结构

为了产生与位移成比例的电压，将电压 E 施加到整个导体上，如图 3-7 所示。

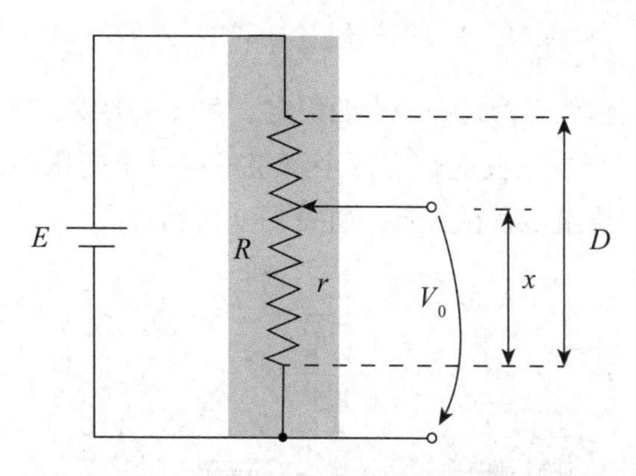

图 3-7　电阻式位移传感器的部分信号调理电路。

导体一端与滑块之间的电压 V_0 随滑块的位置 x 做线性变化。

$$V_0 = \frac{r}{R}E = x\frac{E}{D} \tag{3-6}$$

为了避免电负载电位器，通常使用缓冲电路。

另一种信号处理是通过永恒流源来测量导体一端和滑块之间的电压。所用的滑块由可以抵抗由摩擦引起磨损的材料制成，如贵金属合金、硬铜合金等。

根据所用导线的直径，线圈传感器的分辨率可能为 10 μm（分辨率是指在传感器输出处产生一个可测量的信号变化时所对应的最小距离变化）。由于滑片与导线之间的接触，输出电压会随位移的变化而变化，如图 3-8 所示。

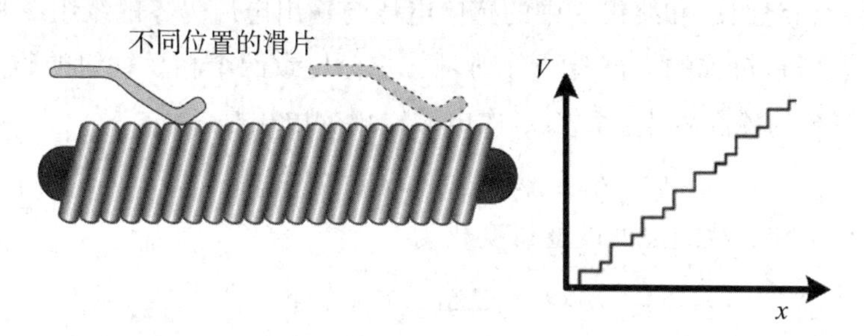

图 3-8　线圈电阻式位移传感器的非线性示意图

采用导电薄膜的传感器的分辨率可达 0.1 μm。该分辨率在理论上是非限定的，但受到电路中的噪声和薄膜的均匀性限制，通常使用的薄膜是塑料、碳、金属或陶瓷和金属的混合物。这种类型的电位式位移传感器比螺旋传感器更昂贵，但具有更长的使用寿命①。

① 李东晶．传感器技术及应用 [M]. 北京：北京理工大学出版社，2020:28-40.

3.2.2 角度传感器

微动同步角位移传感器是一种由四极定子和转子的铁磁体组成的角位移传感器。在每个定子极中，其底部有两个绕组形成一个变压器，分为初级和次级，并且每个极的绕组串联在一起，如图 3-9 所示。

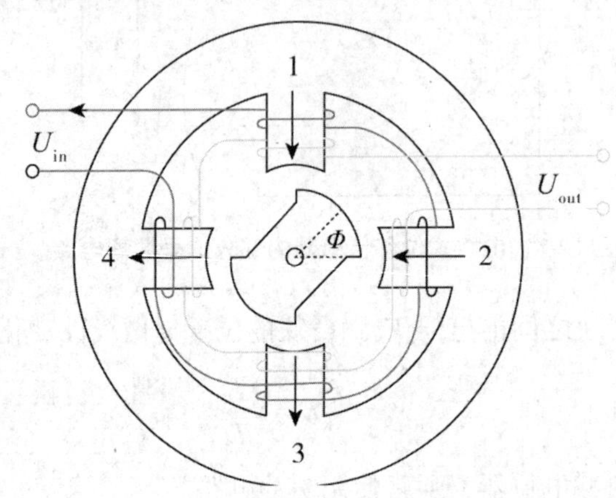

图 3-9 微动同步角位移传感器

对主电压施加一个正弦交流电压（这里设其为单位振幅）：

$$U_{\text{in}}(t)=\cos(\omega t) \tag{3.7}$$

没有绕线的转子的角位置（Φ）影响着主绕组和副绕组之间的磁连接。如图 3-9 所示，绕组 1 和绕组 3 中的感应电压与输出电压为零的绕组 2 和绕组 4 中的感应电压是对称的。当转子移动时，它会导致两个相反绕组的磁阻增大，另外两个绕组的磁阻减小。那么二次电源输出的电压是

$$U_{\text{out}}(t)=2\omega\left(\Delta\Phi_{13}-\Delta\Phi_{24}\right)\cdot\sin(\omega t) \tag{3-8}$$

其中，绕组 1 和 3 绕组之间的通量变化为

$$\Delta\Phi_{13}=C_{\text{a}}\Delta\alpha+C_{\text{b}}(\Delta\alpha)^2 \tag{3-9}$$

绕组 2 和绕组 4 之间的通量变化为

$$\Delta\Phi_{24}=-C_{\text{a}}\Delta\alpha+C_{\text{b}}(\Delta\alpha)^2 \tag{3-10}$$

其中，$\Delta\alpha$ 是角度位置的变化，常数 C_{a} 和 C_{b} 取决于传感器的特性（匝数和初始电压等）。

将式（3-9）和式（3-10）引入式（3-8）中可以得到

$$U_{\text{out}}(t)=4C_{\text{a}}\omega\cdot\sin(\omega t)\cdot\Delta\alpha \tag{3-11}$$

因此，输出电压的振幅与角度位置的变化成比例。主频和次频（0 或 180°）之间相移的符号取决于角位置的变化方向，绕组 1 和绕组 3 与绕组 2 和绕组 4 的串联组合有可能会增加传感器的灵敏度，并纠正常数 C_a 和 C_b 给出的二次非线性。这种类型的非线性校正被称为传感器与对称非线性的关联，如金属温度传感器。

使用这种类型的传感器，可以测量的角位移通常高达 10°，分辨率为 0.01°，灵敏度为 5 V/°，线性范围为 0.5% ～ 1%。它通常被用在工业和机器人等领域中的线性可变差接变压器（linear variable differential transformer, LVDT）。

3.2.3　姿态传感器

姿态传感器是用来检测机器人与地面相对关系的传感器，当机器人被限制在工厂的地面时，没有必要安装这种传感器，如大部分工业机器人。但是当机器人脱离了这个限制，并且能够进行自由的移动，如移动机器人，就有必要安装姿态传感器了。

姿态传感器中最典型的就是陀螺仪，它是飞机和航天器中的稳定装置，也用于稳定卫星，使其指向正确的方向，还用于自动驾驶仪。然而，陀螺仪的应用范围要比我们想象的更大。同指南针一样，陀螺仪也是一种导航工具，其目的是保持设备或车辆的方向或指示姿态因此，它们被用在所有的卫星上。在智能武器和所有其他需要姿态和位置稳定的应用中，其准确性使它们在隧道建设和采矿等方面发挥着重要作用。其涉及的基本原理是角动量守恒原理："在任何物体或粒子的系统中，如果没有外力的作用，相对于空间中任何一点的总角动量都是恒定的。"①

尽管机械陀螺仪的全盛时期已经过去，但它仍然是目前最著名的陀螺仪，也是最容易理解的陀螺仪。它有一个在框架轴上旋转的重轮，且重轮的旋转会提供角动量，如图 3-10 所示。如果外部环境试图通过施加一个力矩来改变轴的方向，那么这个力矩将会在垂直于旋转轴和施加力矩的方向上，这将迫使物体运动。物体运动的动力便是陀螺仪的输出，并与施加的扭矩成比例。

① 卢金燕．机器人智能感知与控制 [M]. 郑州：黄河水利出版社，2020:71-80.

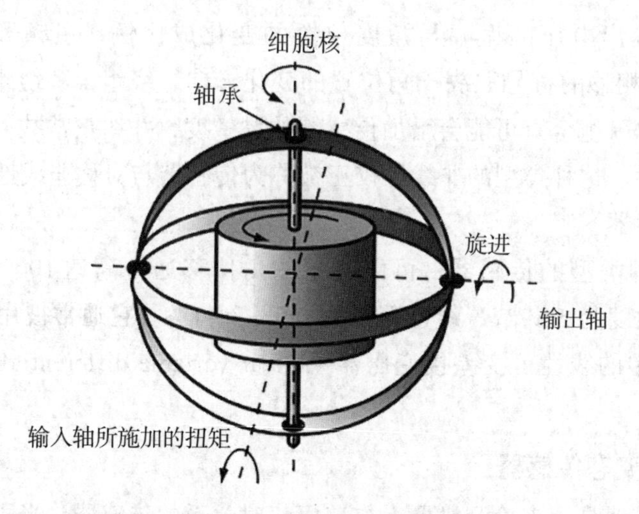

图 3-10　陀螺仪原理图

如图 3-10 所示，如果一个扭矩被施加到陀螺仪的框架周围的输入轴，输出轴将旋转。这种进动成为所施加的扭矩的量度，并可以用作输出。例如，想要修正飞机的方向或卫星天线的位置，就要向相反方向施加力矩，使进动的方向相反。作用力矩与进动角速度的关系为

$$T = I\omega\Omega \tag{3-12}$$

其中，T 为所施加的扭矩（N · m）；I 为旋转轮的惯量（kg · m）；ω 为角速度（rad/s）；$I\omega$ 是角动量（kg · m^2 · rad/s）；Ω 为进动角速度（1/rad · s），也称为转速。显然，Ω 是施加在设备框架上的扭矩的量度：

$$\Omega = \frac{T}{I\omega} \tag{3-13}$$

姿态传感器需要测出机器人在运动过程中的姿态的变动，保持其规定的预设姿态，并根据任务要求完成相应动作，因此它通常安装在机器人动作频率较多的部位。

此外，还有气体速率陀螺仪、光学陀螺仪。气体速率陀螺仪通过姿态变化对气流的影响这一原理来对姿态进行测量。光学陀螺仪的原理是沿环路状光径传播的光会在惯性空间向右旋转时出现速度的变化。

3.3　外部传感器

3.3.1　力觉传感器

力的测量方法有很多种，但最简单和最常见的方法是使用应变片，通过校准以力的单位输出。其他测量力的方法还有测量物体的质量与加速度（$F=ma$），测量弹簧在力的作用下的位移（$F=k\Delta x$，其中 k 是弹簧系数）。这些方法都不是直接测量力的方法，而且许多方法比使用应变仪要复杂得多。因此，可以通过测量电容、电感，或者类似应变计通过测量电阻的方法来测量力。如图 3–11 为力传感器的基本结构。在这种结构中，通过测量应变计中的应变量来测量压力。传感器通常带有连接孔，并且可以通过预加应变片在压缩模式下使用。这种类型的传感器通常用于测量机床、发动机支架等方面的力[18]。力传感器的一种常见形式是负载单元，与图 3–11 中的力传感器一样，测压元件配有应变片。

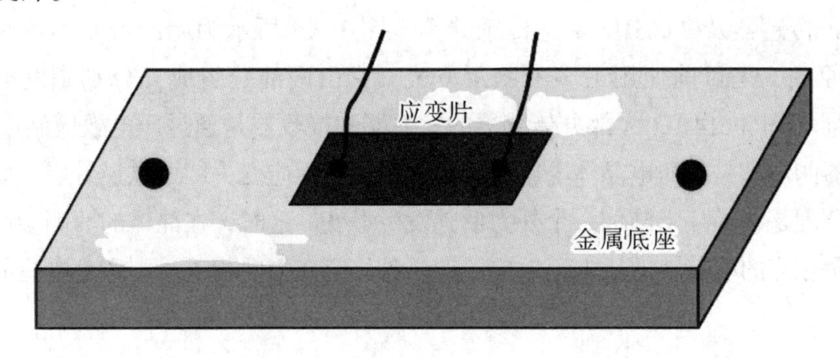

图 3–11　力传感器的基本结构

两种常见的力传感器的内部结构如图 3–12（a）和图 3–12（b）所示。在图 3–12（a）中，横梁下的两个压力表在压缩模式下工作，而横梁上的两个压力表在拉伸模式下工作。在图 3–12（b）中，当施加负载时，上部和下部构件向内弯曲，因此压力表 R_1 和 R_3 处于拉紧状态。同时，侧构件向外弯曲，压力表 R_2 和 R_4 受压。如图 3–12（c）所示，四个压力表连接在一个桥上。在空载情况下，仪表 R_1 和 R_3 具有相同的电阻，而且仪表 R_2 和 R_4 也具有相同的电阻（但通常与 R_1 和 R_3 的电阻不同）。在这些条件下，电桥是平衡的，其输出为零。当施加负载时，R_1 和 R_3 的电阻增大，而 R_2 和 R_4 的电阻减小，使电桥失去平衡，产生与负载成比例的输出。

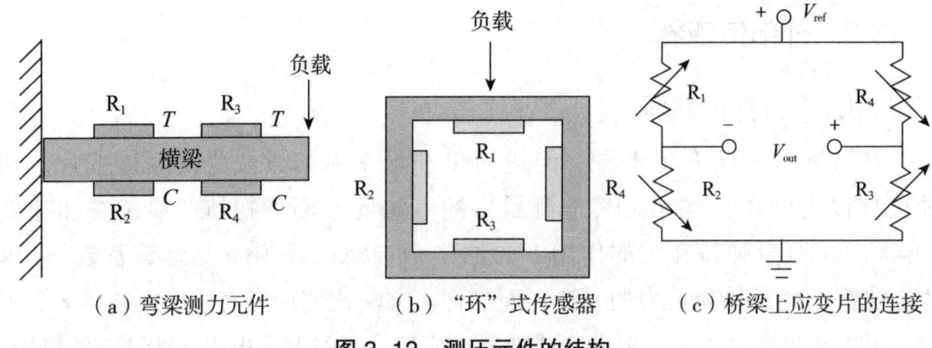

图 3-12 测压元件的结构

还有一些力传感器实际上并不测量力，而是以定性的方式感知力，并对超过阈值的力的存在做出响应。例如，开关和键盘以及用于感应存在的压敏垫片等。

3.3.2 距离传感器

能够实现测距目的的传感器有超声波测距传感器、激光测距传感器、红外线测距传感器及 24 GHz 雷达传感器等。图 3-13 所示为超声波距离传感器的工作原理，是目前使用最多的测距方式。它由两部分组成，分别是发射器和接收器（图 3-14），大部分传感器的发射器和接收器是通过压电效应制成的[①]。发射器的原理是在压电晶体上施加电场，使其产生应变，即压电逆效应；而接收器的原理是在晶片上施加一个外力使其发生形变，这时，在晶体的两侧会产生与应变量相当的电荷，即压电正效应，如果晶片应变方向相反，则产生电荷的极性相反。

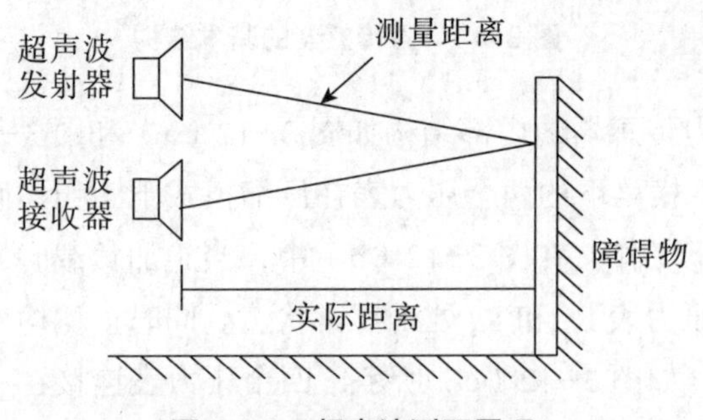

图 3-13 超声波测距原理

① 闫文娟.传感器技术与应用[M].长春：东北师范大学出版社，2020:106.

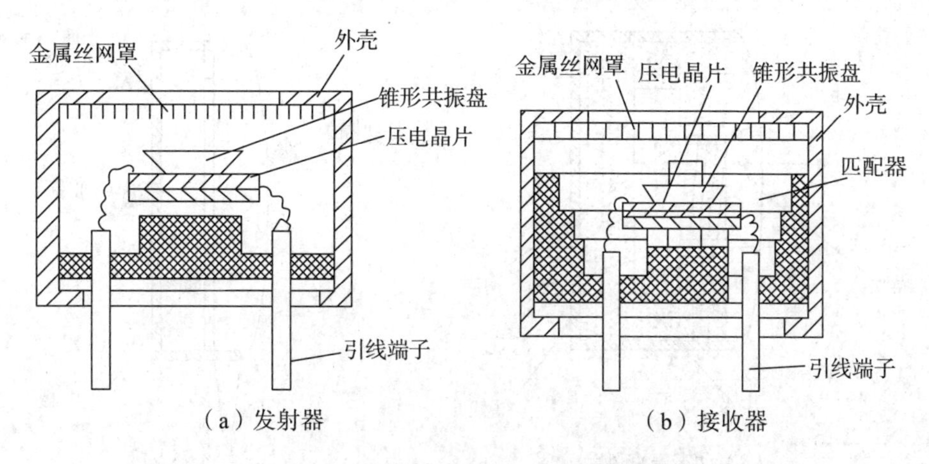

图 3-14　超声波传感器的发射器与接收器

超声波测距传感器主要应用于汽车的倒车雷达、机器人自动避障行走、建筑施工工地以及一些工业现场。例如，液位、井深、管道长度等需要自动进行非接触测距的场合。目前有两种常用的超声波测距方案：一种是基于单片机或者嵌入式设备的超声波测距系统，另一种是基于 CPLD（complex programmable logic device）的超声波测距系统。

3.3.3　听觉传感器

麦克风是一种压力传感器，用于将声压转换为电信号。以下几种类型的麦克风可以将声压波转换成电信号：电磁式、电容式、带式和压电式。图 3-15（a）所示是一个动态麦克风的截面，它是由一个线圈在磁场中通过声波撞击膜片驱动的，电动势是膜片的运动使得线圈产生了感应电流。图 3-15（b）所示是一个电容式传声器的截面，声压膜片上的波引起膜片和刚性板之间的电容变化，然后，电子信号可以在频谱分析仪中分析声音，其中包括各种频率，或者只是测量振幅。此外，声级计是一种用于测量和分析声音的仪表。

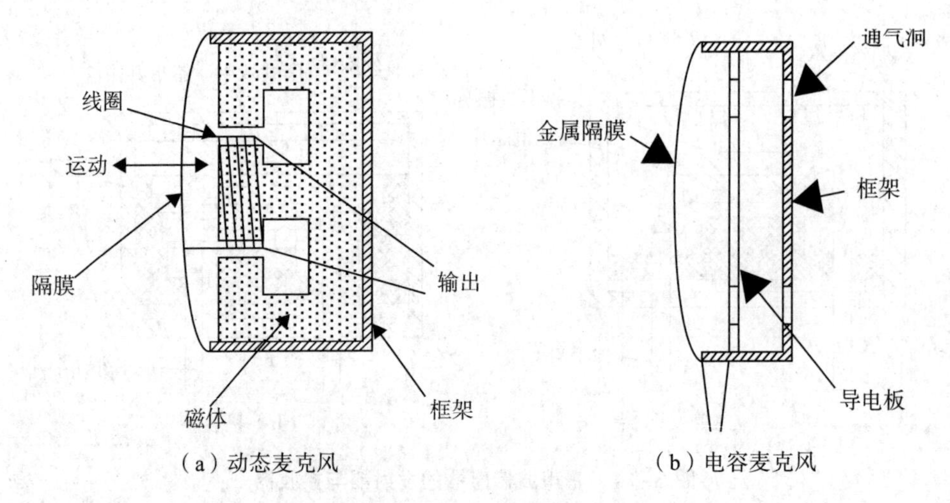

图 3-15　声音传感器

在实际应用中，对于声音传感器的选择取决于具体应用的领域。比如，在仪器仪表中，对于传感器的具体需求包括在宽频率范围内的均匀灵敏度，低固有噪声水平，以及去除不需要的噪声的能力。

3.4　多传感器的数据融合

3.4.1　多传感器数据融合的概念

多传感器数据融合存在于诸多领域。随着传感器应用技术和处理技术的发展，人机交互领域的研究人员正在开发用于新型人机交互的多传感器数据融合方法。

像人的大脑综合处理信息的过程一样，感知系统综合来自分布在不同位置的各种传感器实时采集的局部、分离、不完整的观察量，通过智能计算方法，提取有效特征信息，最终产生对观测场景的相对完整的且一致的解释。在此过程中，要充分对多源数据进行合理支配与使用，同时，在多种传感器相互协同工作的基础上，要综合处理其他的信息数据，以此来增强感知系统的智能化。多传感器数据融合结合了来自多个传感器的数据，以及来自相关数据库的信息，以实现更高的准确性和更具体的推断。数据融合技术需要跨学科的知识，其中包括了数字信号处理、统计估计和概率及控制理论等 [20]。同时，它还具有广泛的应用，包括军事领域的多目标跟踪和民用的服务机器人。

多传感器数据融合的作用是最小化用户信息的不确定性。多传感器数据融

合中的不确定性问题需要妥善处理，如果处理不当，其不确定性会降低系统的可用性。因此，采用多传感器数据融合技术对其进行处理。

通过综合不同时间与空间的多传感器观察量，根据其互补、冗余性等特点解决了单独使用某一个传感器时的不稳定性和约束性，以此来实现对所测目标的相对完整的解释与描述。数据融合的方法通过对系统精度和可靠性的提升，提高智能系统识别、判断、决策、规划和反应的快速性和准确性。

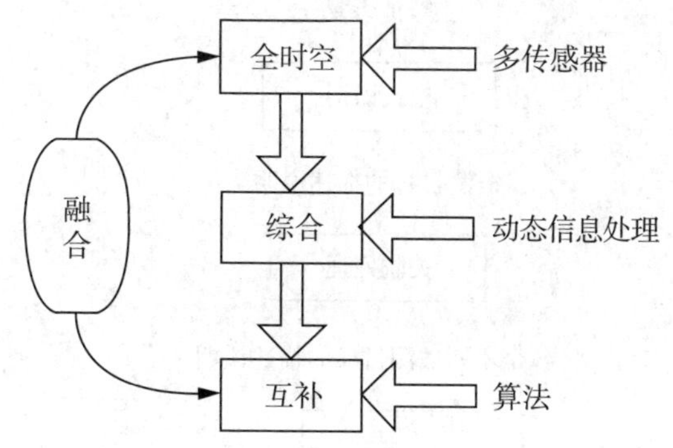

图 3–16　多传感器数据融合过程

（1）融合要处理的是复杂的、多源的、多维的和全时空的信息。

（2）数据融合的对象不仅包括多传感器得到的数据（自然环境信息），还包括社会信息，且融合需要对感知系统动态过程中的所有信息进行有效综合。

（3）互补包括信息表达方式、结构、功能等各种不同层次上的互补，通过关联、分类、估值及预测等算法对信息进行互补运算，在不同层次上使信息越来越清晰，越来越丰富，完成信息的再生和升华，达到最优。

3.4.2　多传感器数据融合的目标、原理与层次

1. 目标

多传感器数据融合的目的就是通过多传感器进行协作测量并进一步融合数据，综合认识被测目标，以获得对其的一致性最优估值和辨识。

2. 原理

N 个多种类别的传感器采集被测目标的数据信息，通过特征提取后进行信息处理，进而获取采集量所对应的特征矢量；接着对特征矢量进行模式识别，得到不同类别传感器对于所测对象的解释；然后将这些解释的数据以相同的被测对象进行分类；最后通过数据融合技术对每个被测对象的信息数据进行合

成，得到该目标的一致性解释描述。多传感器数据融合的原理如图3-17所示。

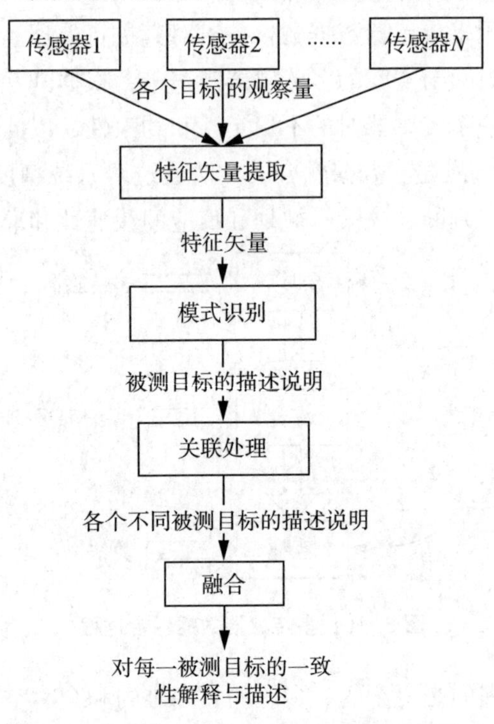

图3-17 多传感器数据融合原理示意图

3. 层次

数据融合技术根据其对所采集信息数据的融合水平可以分为三个层次：数据级融合、特征级融合以及决策级融合①。

（1）数据级融合：也称像素级融合，是对传感器直接观测数据的融合，然后从融合的数据中提取特征矢量并进行判断识别。

（2）特征级融合：特征级融合属于中间层次，先从每种传感器提供的原始观测数据中提取有代表性的特征，这些特征融合成单一的特征矢量，然后运用模式识别的方法进行处理作为进一步决策的依据。

（3）决策级融合：决策级融合属于高层次的融合，每个传感器将完成对被测对象的识别任务，然后对所有传感器所识别的数据信息进行融合，按照数据融合的准则使系统做出判断。

① 王耀南，彭金柱．移动作业机器人感知、规划与控制[M]．北京：国防工业出版社，2020:22-28.

3.4.3　多传感器数据融合的方法

传感器数据可以在数据层、特征层和决策层进行组合，因此多传感器数据融合可以采用多种方式。较好的方法是使用不同的传感器来互补融合。多传感器融合过程可以看作一个推理问题，可以用概率统计的方法进行处理。

利用多个传感器所获取的关于被测对象和环境全面、完整的信息，主要体现在融合方法上。因此，多传感器系统的核心问题是选择合适的数据融合方法。

1. 统计方法

基于统计学的算法主要运用传统概率统计方法，利用概率分布或者密度函数来描述数据的不确定性。数据融合的目的是从大量冗余、精准性不高的数据中提取所需的特征。

2. 信息论方法

信息论是一门用数理统计方法研究信息处理和信息传递的学科，它研究存在于通信和控制系统中普遍存在着的信息传递的共同规律，以及如何提高各信息传输系统的有效性和可靠性。

3. 认知模型方法

认知模型（cognitive model, CM）就是人们在认识事体、理解世界过程中所形成的一种相对定型的心智结构，是组织和表征知识的模式，由概念及其间的相对固定的联系构成。

以上三种方法中具体的多传感器数据融合处理办法如图 3-18 所示。

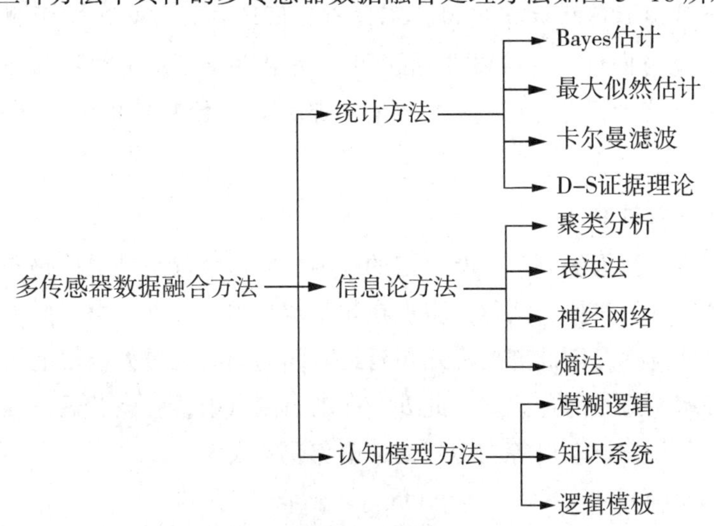

图 3-18　多传感器数据融合常用方法

3.5 传感器的选择

测量结果的成败在很大程度上取决于传感器的选用是否合理，所以学会如何选择传感器是进行测量的基础，同时也是非常重要的环节之一，下面将从六个方面进行考虑。

1. 测试条件与目的

在进行测量工作之前，首先应该对所测对象以及周围环境等多个影响因素做一定的了解。通常情况下，即使测量的对象相同，使用不同的传感器也可能造成不同结果，因此需要考虑选择哪种原理的传感器更合适。在测量之前具体需要考虑的方面如下：测量范围的大小；传感器位置以及传感器体积的要求；测量方式是接触式还是非接触式；信号提取方法是有线测量还是非接触测量。考虑好之后，再针对传感器的一些性能进行选择。

2. 灵敏度的选择

一般情况下，在传感器的线性关系不超出其范围时，传感器越灵敏越好。这是由于在灵敏度性高时，与所测信息数据变经变换得到的输出信号的值才会更大，这样一来便更利于信号的处理。与此同时，有一点需要考虑的是，当传感器的灵敏性强时，周围环境的噪声也易掺入，还会被放大系统放大，对传感器测量数据的准确性有一定的影响。因此，要求传感器本身应具有较高的信噪比，提高其抗干扰能力，尽量降低外部环境噪声的干扰。

传感器的灵敏度也属于矢量，不仅有高低还具有方向。当所测信息是单向量，并且在方向性上有高要求时，可以使用适合其方向性要求且灵敏度较小的传感器；若所测信息是多维向量，那么要求传感器的交叉灵敏度越小越好。

3. 频率响应特性

传感器所测数据的频率具有一定的范围，而这个范围是由传感器的频率响应特性来决定的，其要求测得的数据在频率范围内不失真。由于传感器在获取数据后有一些延迟，因此想要在缩短延迟时间的同时又增大频率范围，就需要考虑选取频率响应高的传感器。此外，在动态测量中，应该考虑采集信号的特征，如稳态、瞬态、随机等响应特性，避免误差太大。

4. 线性范围

传感器的线性范围即输出信号与输入信号成比例的范围，且在线性范围内的灵敏度是一定的。其测量范围的大小随着传感器的线性范围的增宽而增大，同时还能稳定测量的准确度。在选择传感器时，首先应该了解其范围是否符合任务需求。

事实上，所有的传感器均保证不了绝对线性，其线性程度是相对来说的。当任务对精度要求不高时，非线性、误差小的传感器可以在一定范围内视为线性的，这样将为工作带来便利。

5. 稳定性

传感器的稳定性是指其在工作一段时间后仍然能够保持稳定性能的能力。不考虑传感器自身的结构对稳定性的影响，其工作环境同样也是影响因素之一。综上考虑，具有较强环境适应能力的传感器稳定性更强。

因此在选择合适的传感器之前，应对其适用环境进行了解，也可以通过一定的措施来降低环境对稳定性的影响。

6. 精度

精度是指传感器对测量数据的准确度，是传感器极其重要的一个性能指标。传感器的价格也会随着精度的提高而提高，因此，选择的传感器只需满足此任务的精度需求即可，不用选择精度过高的传感器。如此一来，就可以选择在满足任务需求的同时既便宜又简单的传感器。

如果测量目的为定性分析，可选择重复精度高的传感器，不应选择绝对值精度高的传感器；如果需要获得准确的测量值进行定量分析，则需要选择精度水平满足要求的传感器。

第 4 章　智能视觉感知系统中的机器视觉

4.1　机器视觉的概念和特性

机器视觉是赋予机器视觉感知系统，提供类似生物的视觉能力，便于情景感知。机器视觉系统是指通过相机对目标物体进行捕捉，进而通过转换装置转换为图像信号，并将其传向图像处理系统；然后，图像处理系统再将其转换为数字信号，这一转换过程是依据其像素分布、宽度和颜色等数据实现的；最后，系统会对所获取的信号进行运算，以此来提取目标特征[24]。机器视觉的目的是使计算机可以根据捕捉的二维平面图像来识别三维空间的信息，进而感知和处理形状、位置、姿态及其运动的过程等信息。

机器视觉应用了光电技术，并且广泛地应用于电子产品、医疗、科研及军事等许多领域。视觉感知技术在基于图像的智能数据采集和处理中起着非常重要的作用，可以有效地处理特定目标对象（如人脸、手写体或商品）的检测和识别，以及图像分类和主观图像质量评价。近年来，深度学习的快速发展，不仅解决了视觉感知领域的许多难题，还提高了图像识别的质量，对人工智能时代下计算机视觉技术的进步起到了促进作用，更重要的是，它改变了我们处理视觉问题的传统方式。目前，视觉技术在图像搜索、产品推荐、用户行为分析及人脸识别等互联网应用中有着巨大的商业市场。

4.1.1　机器视觉的基本概念

智能视觉感知系统包括“计算机视觉”与“机器视觉”，在很多资料中，我们可以看到这两种视觉同时存在，因此这两者在区分上有时是有困难的。其实，计算机视觉与机器视觉不仅是相互独立的，还是相互关联的。

计算机视觉的任务主要是图像处理、模式识别、目标检测与追踪以及针对一个及以上图像的分析处理。传感器获取图像有两种形式：一是由一个或多个传感器共同采集；二是由一个传感器来采集不同时间的一组图像。其中对图像进行分析主要是想获取目标对象的位置和姿态，以便对其进行识别，进而获取三维空间环境信息。计算机视觉往往通过对几何模型以及复杂的知识表示的方法对目标进行研究，一般采取基于模型的匹配和搜索技术、自下而上的搜索策略以及自上而下的层次结构和启发式控制策略。

机器视觉是指可以自主获取并分析处理特定环境来对机器进行控制，因此其更多地应用在计算机视觉的技术工程。详细地说，机器视觉的研究为计算机视觉提供了传感器模型、结构框架以及实现方法。相反，机器视觉也获得了计算机视觉中的图像处理能力以及场景分析的理论和算法基础。所以，机器视觉系统可以被看作一个对采集图像结果进行定量分析和解释的系统，这个系统首先可以自动获取目标对象的一个或一组图像，通过对图像特征的提取、处理、分析和测量来了解目标信息，最终做出相应的决策。机器视觉系统的功能包括目标定位、目标检测、目标识别及目标跟踪等。

如图 4-1 所示，机器视觉系统一般由视觉传感器、高速图像采集系统和图像处理系统等模块组成，并将计算机作为系统的“大脑”。

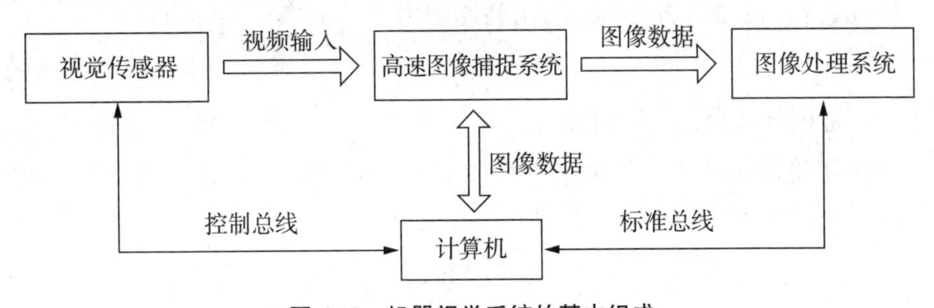

图 4-1　机器视觉系统的基本组成

首先，图像由摄像机拍摄，然后由控制单元分析。二维结构的半导体探测器主要用于可见光和近红外光谱范围内的辐射传感器。使用光电导效应，入射光子将会使电子从价带激发进入导带。

在 CCD 传感器（charge coupled device，电荷耦合器件）中，产生的自由带电粒子被收集在势阱中，然后根据势阱的延迟线原理，从而产生与光效率成正比的图像信号。虽然 CCD 技术具有高光敏性的优势，但越来越多的光集电极采用CMOS（complementary metal-oxide-semiconductor，互补金属氧化物半导体）技术。CMOS技术是目前集成逻辑电路的标准技术，其电流消耗明显低于热噪声，但冷却响应性较差。因此，在该技术的范围内，预计相机甚至整个图像传感器将只有一个独特的集成转换电路（系统芯片）。此外，CMOS服务器允许对读取像素进行选择例如，对于高度动态的应用程序，可以以非常高的读取速率读取相关图像内容的区域，最高可达到几兆赫兹以上。因此，CMOS电路可以相对简单地实现入射光效率E与获得的图像信号u之间的非线性特征曲线。这与人类的眼睛非常相似，韦伯-费希勒定律给出了感觉上的强度与外界刺激强度的关系式。

设所谓感觉上的强度用p来表示，感觉上的变化就是dp。外界刺激的强度用S表示，其变化就是dS，那么韦伯－费希勒定理可以用式4–1表示：

$$\mathrm{d}p = k\frac{\mathrm{d}S}{S} \tag{4–1}$$

其中，k是常数，表示感觉的绝对变化和刺激强度的相对变化之间的比值。刺激越大（S越大），就需要更多的刺激变化量dS来达到相同的感觉上的变化dp，dS/S的值也叫韦伯分数（Weber-fraction），其在心理与生物学科中广泛使用；在给定S时对应于dp（刚好能够感觉出区别的值）的dS叫作最小可觉差。

通过式4.1的微分方程可以写出其通解为

$$p = k\ln S + C \tag{4–2}$$

其中，C是积分常数，为了得到C，可令p=0，即恰好没有感觉的时候。设这时候的刺激的强度是S_0，即能让人产生感觉的刺激阈限，也可以理解为和没有刺激相比的最小可觉差，可得到下面的式子：

$$C = -k\ln S_0 \tag{4–3}$$

将式4–3代入式4–2即可得到韦伯－费希勒定理（式4–4）：

$$p = k\ln\frac{S}{S_0} \tag{4–4}$$

因此，无论是听觉（声强）、视觉（亮度），还是其他感觉，都使用对数强度来度量，正是因为采用对数度量，其值的大小刚好和感觉是相符合的。此外，还可以以对数方式实现辐射传感器的功能。由于图像传感器的数据传输速率高，图像分析控制单元不仅采用可自由编程的逻辑处理器，还采用数字化组

件或数字信号处理器（digital signal processing, DSP）。

4.1.2　机器视觉的特性

机器视觉涵盖了各领域的多种技术，其中有机械工程、自动控制、电子光源照明、图像传感器、模拟和数字视频技术、计算机硬件和软件技术以及人机接口技术等，通过这些技术的相互融合构建一个完整的机器视觉系统。具体的机器视觉技术是由图像采集、光学成像系统、图像信号处理模块、智能判断决策模块以及执行模块组成[33]。

机器视觉系统很大程度上方便了人们的生产生活，使工作的灵活性提高，自动化生产能力增强。具体体现在，在不便于人们工作的环境或在人类的视觉并不能满足工作需求的区域，以及一些重复性非常高的工作中，使用机器视觉能很好地提高工作效率。机器视觉要求实用性，能够适应各种不同的环境，而且还应具有合理的性价比、通用的通信接口、高容错和安全性，以及强通用性和可移植性。此外，它还强调实时性，对速度和精确度的要求很高。因此，机器视觉被称为自动化机器的眼睛，在生产生活、科学研究和国防建设等领域有着广泛的应用。

通过机器视觉系统和传感器系统，可以最大限度地实现人们所采用的视觉信息的感知原理。受益于相机和分析设备价格的持续下降，图像传感器开始在更多的领域中得到应用[34]。与其他环境传感器相比，视觉传感器的决定性优势之一是它能够提供最全面的信息显示，但与此同时，综合图像信息的分析也对信号处理提出了巨大的挑战。

根据最新的技术标准，对视觉传感器与其他传感器技术进行了比较。结果如表 4−1 所示。相机的基本测量只包括亮度模式，只有通过合适的图像分析程序才能将亮度模式转换为三维信息。激光雷达或远程成像系统通过其直接的 3D 位置测量为车辆制导提供了直接的应用，雷达传感器甚至可以直接利用多普勒效应来测量径向速度[35]。然而，与一般的环境传感器相比，视觉传感器在提供更抽象的信息方面具有很大的潜力。由于其接近人类的感知，具有图像传感器的机器视觉系统可以在其功能上实现更高的穿透性。

表 4-1　各类传感器对比

特征及参数		视觉传感器	激光雷达	毫米波雷达	远程成像
波长 /m		$10^{-7} \sim 10^{-6}$	10^{-6}	$10^{-3} \sim 10^{-2}$	$10^{-7} \sim 10^{-6}$
最大作用距离 /m		⩾ 100	⩽ 150（由激光功率决定）	⩾ 150（由波束宽度和接收机灵敏度决定）	无法探知
分辨率 /	水平	$10^{2} \sim 10^{3}$	$10^{2} \sim 10^{3}$	$10^{1} \sim 10^{2}$	$10^{1} \sim 10^{2}$
m	垂直	$10^{2} \sim 10^{3}$	$10^{1} \sim 10^{2}$	10^{1}	$10^{1} \sim 10^{2}$
天气影响		大	较大	小	大
穿透性		好	较差	好	差
成本		较低	高	较低	适中

4.2　相机的分类

根据相机的功能，可以将其分为单目相机（monocular camera）、双目相机（binocular camera）和深度相机（red green blue-depth,RGB-D），如图 4-2 所示。直观地说，单目相机只有一个镜头，双目相机则有两个，而 RGB-D 相机的工作原理相对来说更加复杂，一般会包含多个镜头，除了能够捕捉彩色图像，还可以根据传感器与物体的距离来获取每个像素。

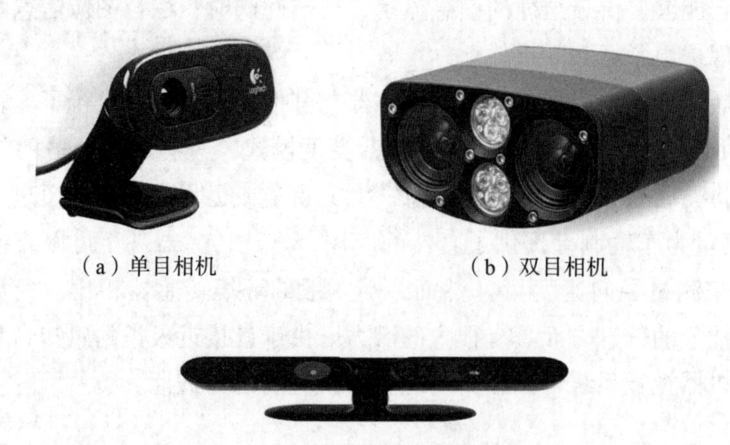

（a）单目相机　　（b）双目相机

（c）RGB-D 相机

图 4-2　三种相机

4.2.1　单目相机

单目相机的成像模型使用的是针孔相机模型，利用光的线性传输，将三维物体投射到二维成像平面上。针孔相机模型的主要组件包括光心（投影中心）、像面和光轴等，如图 4-3（a）所示。

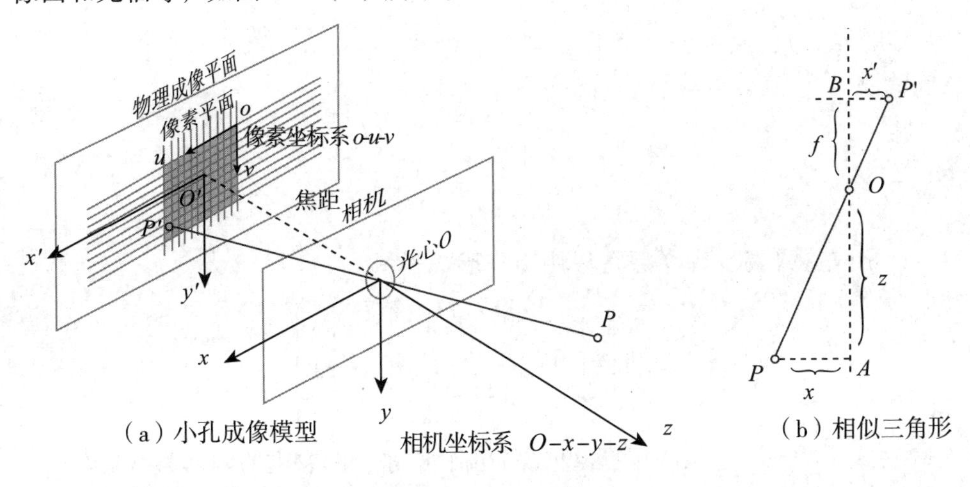

（a）小孔成像模型　　（b）相似三角形

图 4-3　针孔相机模型

在相机坐标系中，现实空间中一点 P 透过孔 O，在物理成像平面上投影一点 P'，称为像点。在相机坐标系中点 P 的坐标设为（x, y, z），图像点 P' 在物理成像坐标系中的坐标设为（x', y'）。图像像素坐标系中的坐标设为（u, v），物理成像平面到孔板的距离设为焦距 f，由相似三角形可以得到：

$$\frac{z}{f}=-\frac{x}{x'}=-\frac{y}{y'} \tag{4-5}$$

实际上，相机并不输出倒立的图像，而是将图像翻转，相当于将物理成像平面对称到相机前方，因此式（4-5）可以用图 4-4 来解释。

$$\frac{z}{f}=\frac{x}{x'}=\frac{y}{y'} \tag{4-6}$$

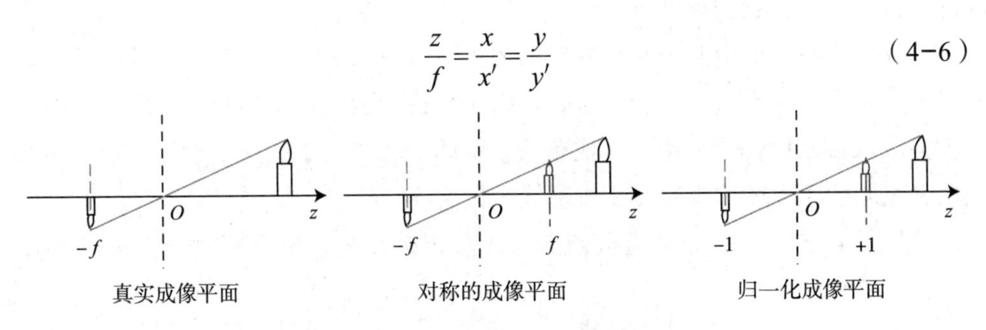

图 4-4　真实成像平面、对称成像平面图示

其中，图像坐标系与物理成像平面坐标系之间区分了一次变焦和一次原点位移，关系式表示为

$$\begin{cases} u = \alpha x' + c_x \\ v = \beta y' + c_y \end{cases} \tag{4-7}$$

设$f_x = \alpha f$，$f_y = \beta f$，可以得到以下关系：

$$\begin{cases} u = f_x \dfrac{x}{z} + c_x \\ v = f_y \dfrac{y}{z} + c_y \end{cases} \tag{4-8}$$

利用齐次坐标，其关系可以用矩阵形式表示：

$$z\begin{bmatrix} u \\ v \\ 1 \end{bmatrix} = \begin{bmatrix} f_x & 0 & c_x \\ 0 & f_y & c_y \\ 0 & 0 & 1 \end{bmatrix}\begin{bmatrix} x \\ y \\ z \end{bmatrix} = \boldsymbol{K}\begin{bmatrix} x \\ y \\ z \end{bmatrix} \tag{4-9}$$

在式（4.9）中，由中间量组成的矩阵 $\boldsymbol{K}$ 称为摄像机的内部参数矩阵。一般可以认为相机的内部参数出厂后是固定的，在使用过程中不会改变。

4.2.2 双目相机

针孔相机的成像模型解释了单目相机的工作过程。如果想要确定目标的位置，只拍摄一张图像是不够的，因此相机光心 O 和像点 P 的连线在物方空间形成一条射线，其线上的任意点都可以投影到像点上。想要确定目标的空间位置，首先就要确定 P 点的深度。

确定深度的方法有很多种，人的眼睛就是一个“双目相机”，可以通过左右两眼所观察到的物体的不同（称为视差）来感知目标物体与自身的距离。通过双目相机的两个镜头来捕捉目标物体的图像，对图像间的视差进行计算，以此估计每一个像素的深度①。

双目相机一般由两个水平放置的镜头组成，这两个镜头都可以看作针孔相机，其布局方式有水平式和垂直式。由于相机的摆放几乎都是水平放置，因此大多数双目相机都是采用水平式布局。将两个相机光心的连线设为 x 轴，则这两者之间的距离就称为双目相机基线（记为 b）。

如图 4-5 所示，设某空间点为 P，左相机和右相机分别对 P 点处的物体

① 毕欣.自主无人系统的智能环境感知技术[M].武汉：华中科技大学出版社，2019:93,94.

捕捉图像，并标记为 P_L 和 P_R。基于相机基线的存在，左右相机的成像位置并不相同。若只考虑理想情况，因为两相机的位移都是沿 x 轴方向的，因此图像在 x 轴上是不相同的。将左侧的像素坐标设为 u_L，右侧设为 u_R，则它们的几何关系如图 4−6 所示。其中，O_L 为左光圈中心，O_R 为右光圈中心，方框是成像平面；f 为焦距；u_L 和 u_R 为成像平面的坐标，其中 u_R 为负数，因此图中标注的距离为 $-u_R$。

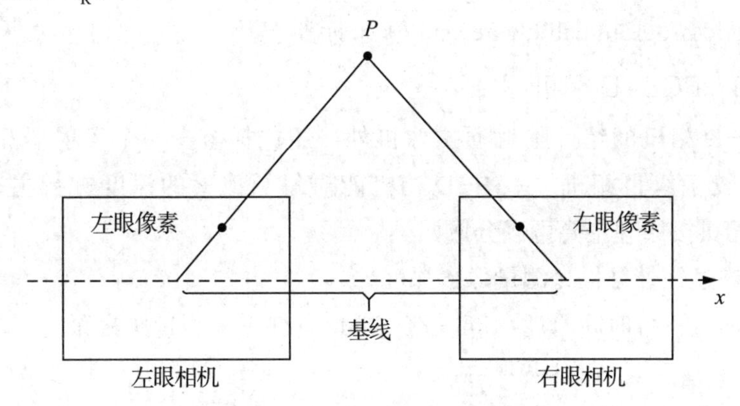

图 4−5　双目相机成像模型

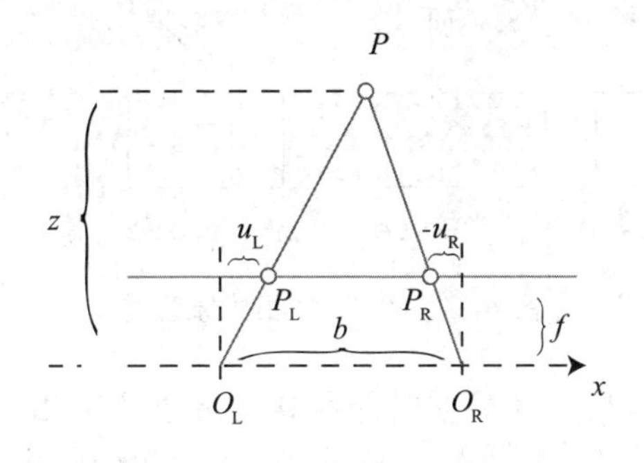

图 4−6　双目相机几何模型

由图 4−6 可知，△ PP_LP_R 和△ PO_LO_R 为相似三角形，因此可以得到方程：

$$\frac{z-f}{z}=\frac{b-u_L+u_R}{b} \tag{4-10}$$

可以表示为

$$d=u_L-u_R, z=\frac{fb}{d} \tag{4-11}$$

其中，d 为视差，表示的是左右两相机捕捉图像的横坐标之间的距离。像素到相机之间距离的估计值可以根据视差来算，由式 4-11 可知深度 z 与视差 d 成反比，深度随着视差的减小而增加。由于视差 d 最小为一个像素，因此双目相机深度的理论最大值由 fb 决定，双目相机所测的最大距离随基线长度的增加而增加。

尽管基于视差计算深度较为简单，然而由于图像上每个点的视差计算非常困难，因此双目相机对深度的测量需要 GPU（graphics processing unit）或 FPGA（field programmable gate array）来计算。

4.2.3 RGB-D 相机

RGB-D 相机的组件除普通摄像机外，还包括至少一个发射器和一个接收器。相较于双目相机，RGB-D 相机能对每个像素的深度进行主动测量。RGB-D 相机按原理主要可以分成两类。

（1）通过红外结构光测量像素深度。

（2）通过飞行时间原理（time-of-flight, ToF）来测量像素深度（图 4-7）。

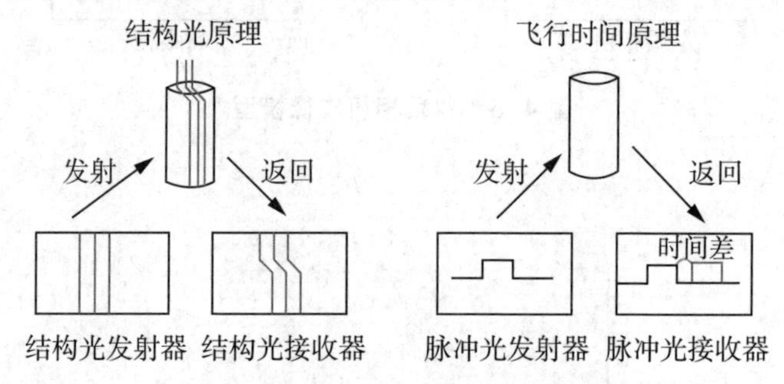

图 4-7 RGB-D 相机原理图

RGB-D 相机工作时，不管是通过结构光原理还是 ToF 原理，通常情况下都要向目标物体发射一红外光。通过结构光原理测得的距离是通过返回的结构光模式来计算的。通过 ToF 原理测得的距离是通过向目标物体发射脉冲光，根据光束从发射到接收之间的时间来获得的。激光传感器的工作原理与其非常相似，激光根据逐点扫描来计算，进而得到距离，而应用 ToF 原理的相机能够获得整幅图像的像素深度，也充分展现了 RGB-D 相机的优势。

RGB-D 相机的深度图是灰白色的，需要对其与彩色图进行配对，因此在测量深度并获得深度图像后通过相机工作时每个相机的位置来完成，最后对图像进行输出。因此，它可以在同一个像素位置同时采集到颜色和深度的信息，计算像素的三维相机坐标，并生成点云。RGB-D 相机能够实时地测量各个像

素的深度，然而，由于这种类型的相机在接受光时很容易发散，因此其使用范围较为有限。使用红外进行深度测量的 RGB-D 相机易受到阳光或其他传感器传输的红外线的干扰，因此不适合户外使用。此外，使用多个摄像头也会造成彼此之间的干扰。对于带有传输材料的物体，由于无法接收到反射光，因此其点的位置无法进行测量。此外，RGB-D 相机在成本和功耗方面也有一定的不足。

在计算机中可以将图像看作是一个二维数组。比如，在灰度图中，某个坐标为（x,y）的像素所对应的灰度值为 I，那么一个宽和高分别为 w 和 h 的图像就能够表示为 $I(x,y)\in R^{w\times h}$ 。

在相机有限的存储空间和数值精度的条件下，并不能对所有的颜色进行表示。通常会使用 0 ～ 255 之间的数（即一个字节）来表示图像的灰度强度。如图 4-8 所示，像素坐标中的高度表示图像的行数，宽度表示列数。

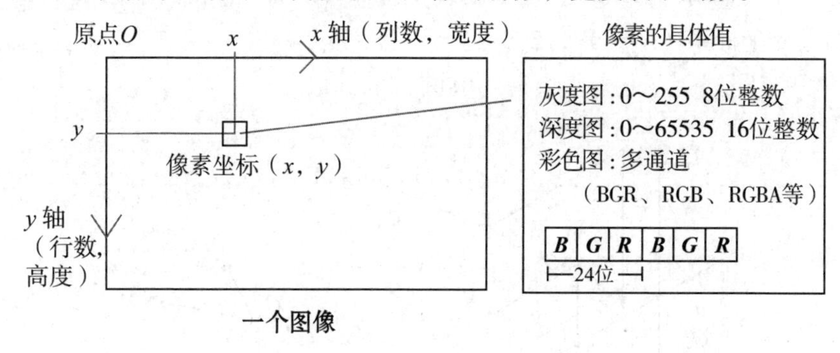

图 4-8　图像坐标示意图

深度图由于深度相机的量程通常有十几米，一个字节不够用，所以需要用 0 ～ 65 535 之间的数来表示。

彩色图像需要通道（channel）的概念，通常的彩色图有三个通道，分别对应红、绿、蓝（R、G、B）三种颜色，每个通道由 8 位整数来表示。比如，OpenCV（open source computer vision library）的彩色图中，通道的默认顺序为 B、G、R，也就是说得到一个 24 位的像素，前 8 位表示蓝色的数值，中间 8 位表示绿色的数值，最后 8 位表示红色的数值。如果还想表示透明度，则还要加上 A（alpha，透明度）通道。

4.3 相机的标定

在智能机器系统中，视觉系统的标定是一个非常重要的环节，视觉系统标定结果的稳定性直接影响了视觉系统定位的稳定和精度。相机标定是为了建立像素坐标系和世界坐标系之间的关系，求出相机的实际参数并消除由镜头带来的图像畸变。其原理是根据摄像机模型，由已知特征点的图像坐标求解摄像机的模型参数，从而可以从图像中恢复出空间点的三维坐标。其所要求解的参数包括4个内参数、5个畸变参数和外参数（旋转矩阵的3个旋转参数和平移向量的3个参数）。[①]

4.3.1 四大坐标系

关于相机的标定，其涉及了视觉系统中的四大坐标系（图4-9），分别是像素平面坐标系（u，v）、图像物理坐标系（x，y）、相机坐标系（X_c，Y_c，Z_c）和世界坐标系（X_w，Y_w，Z_w）。[②]

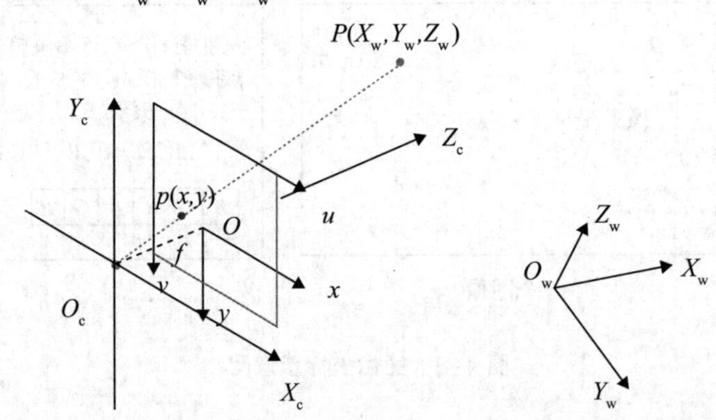

图4-9 四种坐标系

其中，$O_w-X_wY_wZ_w$为世界坐标系，用来描述相机位置，单位为m；$O_c-X_wY_wZ_w$为相机坐标系，光心为原点，单位为m；O-xy为图像坐标系，光心为图像中点，单位为mm；u-v为像素坐标系，原点为图像左上角，单位是pixel。

P是世界坐标系中的一点，即为现实中真实的一点；p为点P在图像中的成像点，在图像坐标系中的坐标为（x, y），在像素坐标系中的坐标为（u, v）；

①王耀南，彭金柱．移动作业机器人感知、规划与控制[M]．北京：国防工业出版社，2020:22-38.

②王耀兵．空间机器人[M]．北京：北京理工大学出版社，2018:12-20.

f是相机焦距，等于 O 与 O_C 的距离，$f=\|O-O_C\|$。

1. 图像坐标系到像素坐标系

如图 4–10 所示，以左上角为原点建立以像素为单位的直角坐标系 u–v。像素的横坐标 u 与纵坐标 v 分别是在其图像数组中所在的列数与所在行数。

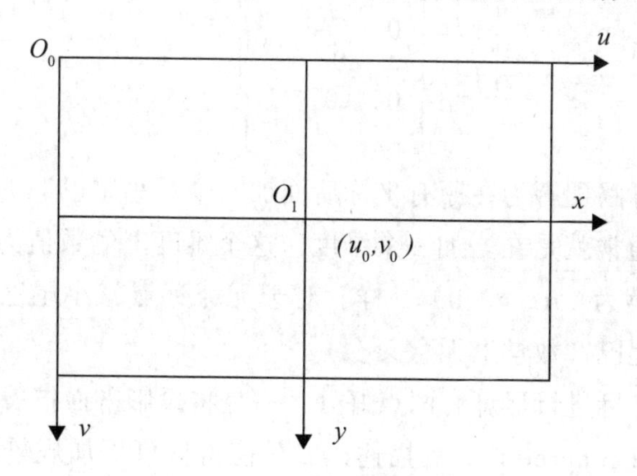

图 4–10　图像与像素坐标系

由于（u，v）只代表像素的列数与行数，而像素在图像中的位置并没有用物理单位表示出来，所以还要建立以物理单位（如 mm）表示的图像坐标系 x-y。

将相机光轴与图像平面的交点（一般位于图像平面的中心处，也称为图像的主点 /principal point）定义为该坐标系的原点 O_1，且 x 轴与 u 轴平行，y 轴与 v 轴平行，假设（u_0，v_0）代表 O_1 在 u–v 坐标系下的坐标，dx 与 dy 分别表示每个像素在横轴 x 和纵轴 y 上的物理尺寸，则图像中的每个像素在 u–v 坐标系中的坐标和在 x–y 坐标系中的坐标之间都存在如下的关系：

$$
\begin{aligned}
u &= \frac{x}{\mathrm{d}x}+u_0 \\
u &= \frac{y}{\mathrm{d}y}+v_0
\end{aligned}
\tag{4–12}
$$

写成矩阵形式为

$$
\begin{bmatrix} u \\ v \end{bmatrix} = \begin{bmatrix} \frac{1}{\mathrm{d}x} & 0 \\ 0 & \frac{1}{\mathrm{d}y} \end{bmatrix} \begin{bmatrix} x \\ y \end{bmatrix} + \begin{bmatrix} u_0 \\ v_0 \end{bmatrix}
\tag{4–13}
$$

其中，假设物理坐标系中的单位为 mm，那么 dx 的单位为 mm/ 像素，那么 x/

dx 的单位为像素，即和 u 的单位相同。为了使用方便，可将式 4-13 用齐次坐标与矩阵形式表示为

$$\begin{bmatrix} u \\ v \\ 1 \end{bmatrix} = \begin{bmatrix} \frac{1}{dx} & 0 & u_0 \\ 0 & \frac{1}{dy} & v_0 \\ 0 & 0 & 1 \end{bmatrix} \begin{bmatrix} x \\ y \\ 1 \end{bmatrix} \tag{4-14}$$

齐次坐标可以理解为在原有坐标后面加一个“小尾巴”。将普通坐标转换为齐次坐标，通常就是在增加一个维度，这个维度上的数值为 1。如图像坐标系（u，v）转换为（u，v，1）一样。对于无穷远点，小尾巴为 0。注意，给零向量增加小尾巴，数学上无意义。

变为齐次坐标进行运算有两点好处：一是将投影平面扩展到无穷远点，如对消隐点（vanishing point）的描述；二是使得计算更加规整。齐次坐标还有一个重要的性质是伸缩不变性，即设齐次坐标为 M，则 $\alpha M=M$。

2. 世界坐标系到相机坐标系

想要对相机进行标定，首先应获取大量世界坐标系中的三维空间点坐标，通过这些坐标点来获取其投影在像平面的二维坐标，并找到其对应的关系。世界坐标系中某个给定点投影到图像坐标系中被分为两个步骤，其转换关系如图 4-11 所示，在后面小节中会依次进行介绍。

世界坐标 —刚体变换→ 相机坐标 —透视投影→ 图像坐标

图 4-11　三大坐标系的变换关系

根据上图的变换关系可以得知，世界坐标系经刚体变换转换到相机坐标系，相机坐标系可以经透视投影变换转换到图像坐标系。由此可以了解到，世界坐标与图像坐标的关系建立在刚体变换和透视投影变换的基础上。

刚体变换（regidbody motion）是指在三维空间中，对不发生形变的目标物体进行旋转和平移①。

由于世界坐标系和相机坐标都采用右手坐标系，因此它并不会产生形变。三维空间中任意一个坐标系一定能够通过刚体变换转换为另一个坐标系，同

① 苏建华，杨明浩，王鹏．空间机器人智能感知技术 [M]. 北京：人民邮电出版社，2020:13-37.

理，采用刚体变换的方式同样可以将世界坐标系与相机坐标系下的坐标进行转换，如图 4-12 所示。

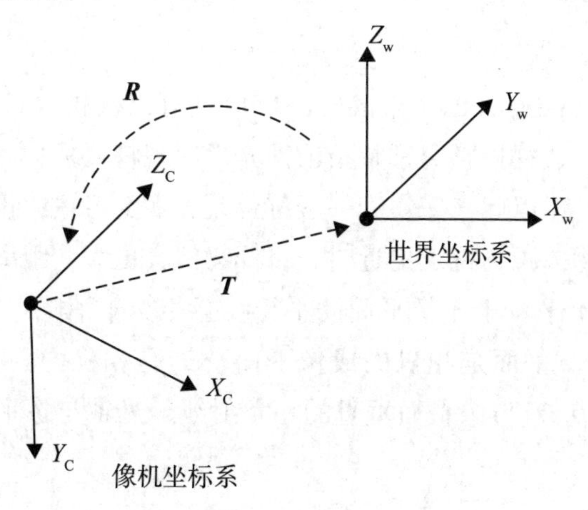

图 4-12　刚体变换

其中，***R*** 代表平移变换，***T*** 为平移变换，则两坐标系之间的刚体变换用数学表达为

$$\begin{bmatrix} X_c \\ Y_c \\ Z_c \end{bmatrix} = \boldsymbol{R} \begin{bmatrix} X_w \\ Y_w \\ Z_w \end{bmatrix} + \boldsymbol{T} = \begin{bmatrix} r_{00} & r_{01} & r_{02} \\ r_{10} & r_{11} & r_{12} \\ r_{20} & r_{21} & r_{22} \end{bmatrix} \begin{bmatrix} X_w \\ Y_w \\ Z_w \end{bmatrix} + \begin{bmatrix} T_x \\ T_y \\ T_z \end{bmatrix} \tag{4-15}$$

对应的齐次表达式为

$$\begin{bmatrix} X_c \\ Y_c \\ Z_c \\ 1 \end{bmatrix} = \begin{bmatrix} \boldsymbol{R} & \boldsymbol{T} \\ 0 & 1 \end{bmatrix} \begin{bmatrix} X_w \\ Y_w \\ Z_w \\ 1 \end{bmatrix} \tag{4-16}$$

其中，***R*** 一个是三阶的正交单位矩阵（转矩阵）；***T*** 为平移向量。***R***、***T*** 与相机无关，因此 ***R***、***T*** 是相机的外参数（extrinsic parameter），由于其表示的是旋转量与平移量，因此可以将其解释为两个坐标间的姿态与位置的变换。由于其在 x，y，z 三个轴上的分量都受控制，因此它有三个自由度。矩阵 ***R*** 中的 r_{00} ～ r_{22} 是旋转角（α_x，α_y，α_z）的三角函数组合，旋转角（α_x，α_y，α_z）也称为欧拉角，其表示世界坐标系变换到与相机坐标系姿态一致时并且分别绕 x，y，z 轴转过的角。***T***=（T_x，T_y，T_z）是世界坐标系原点在相机坐标系中的坐标，

称为平移向量，也就是将世界坐标系原点平移至相机坐标系原点的平移量。因此，通过 $\boldsymbol{R}$、$\boldsymbol{T}$ 的向量变换可以实现世界坐标系与相机坐标系的完全重合。

3. 相机坐标系到图像坐标系

由透视投影（perspective projection）原理可以获得相机坐标系与图像坐标系之间的转换。透视投影通常是指依据光学原理将目标物体通过板上的小孔投影到成像面板上，以此来采集到一个符合人类视觉习惯的投影图。类似于皮影戏，即当目标物体距离视点更近时，目标物体会更大，距离视点远时，目标物体会更小，而不平行于成像平面的平行线会相交于消隐点（vanish point）。如图 4-13 所示，π 平面是相机的成像平面，O_c 是相机中心坐标（即光心），光轴或主轴是端点 O_c 与像平面垂直的一条射线，光轴与像平面的交点 p 是相机的主点。

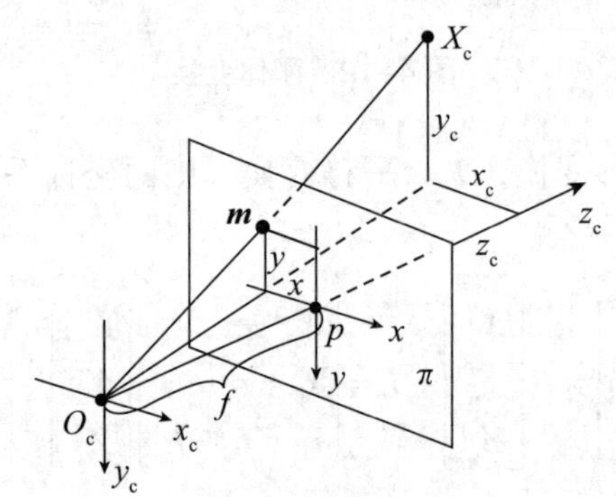

图 4-13　成像几何模型

摄像机坐标系为 O_c-$x_cy_cz_c$，记空间点 $\boldsymbol{X}_c$ 相机坐标系中的齐次坐标为

$$\boldsymbol{X}_c = \begin{bmatrix} x_c & y_c & z_c & 1 \end{bmatrix}^T \tag{4-17}$$

其像点 m 在图像坐标系中的齐次坐标为

$$\boldsymbol{m} = \begin{bmatrix} x & y & 1 \end{bmatrix}^T \tag{4-18}$$

由三角形相似原理可得

$$\begin{aligned} x &= \frac{fx_c}{z_c} \\ y &= \frac{fy_c}{z_c} \end{aligned} \tag{4-19}$$

转换为矩阵为

$$z_c\begin{bmatrix}x\\y\\z\end{bmatrix}=\begin{bmatrix}f&0&0&0\\0&f&0&0\\0&0&1&0\end{bmatrix}\begin{bmatrix}x_c\\y_c\\z_c\\1\end{bmatrix}=\begin{bmatrix}f&0&0\\0&f&0\\0&0&1\end{bmatrix}\begin{bmatrix}1&0&0&0\\0&1&0&0\\0&0&1&0\end{bmatrix}\begin{bmatrix}x_c\\y_c\\z_c\\1\end{bmatrix}\tag{4-20}$$

由于齐次坐标的伸缩不变性，$z_c\begin{bmatrix}x & y & 1\end{bmatrix}^T$ 和 $\begin{bmatrix}x & y & 1\end{bmatrix}^T$ 表示的是同一点。

4. 世界坐标系到像素坐标系

前面三个小节已经介绍了各个坐标系之间的变换过程，因此通过进一步计算便可以得到世界坐标系与像素坐标系之间的变换关系。将三者相乘，可以把上述三个过程写成一个矩阵：

$$z_c\begin{bmatrix}u\\v\\1\end{bmatrix}=z_c\begin{bmatrix}\frac{1}{dx}&0&u_0\\0&\frac{1}{dy}&v_0\\0&0&1\end{bmatrix}\begin{bmatrix}x\\y\\1\end{bmatrix}=\begin{bmatrix}\frac{1}{dx}&0&u_0\\0&\frac{1}{dy}&v_0\\0&0&1\end{bmatrix}\begin{bmatrix}f&0&0&0\\0&f&0&0\\0&0&1&0\end{bmatrix}\begin{bmatrix}x_c\\y_c\\z_c\\1\end{bmatrix}$$
$$=\begin{bmatrix}\frac{1}{dx}&0&u_0\\0&\frac{1}{dy}&v_0\\0&0&1\end{bmatrix}\begin{bmatrix}f&0&0&0\\0&f&0&0\\0&0&1&0\end{bmatrix}\begin{bmatrix}r_{00}&r_{01}&r_{02}&T_x\\r_{10}&r_{11}&r_{12}&T_y\\r_{20}&r_{21}&r_{22}&T_z\\0&0&0&1\end{bmatrix}\begin{bmatrix}x_w\\y_w\\z_w\\1\end{bmatrix}\tag{4-21}$$

取世界坐标到图像坐标变换矩阵 $\boldsymbol{P}$

$$\boldsymbol{P}=\begin{bmatrix}\frac{1}{dx}&0&u_0\\0&\frac{1}{dy}&v_0\\0&0&1\end{bmatrix}\begin{bmatrix}f&0&0&0\\0&f&0&0\\0&0&1&0\end{bmatrix}\begin{bmatrix}r_{00}&r_{01}&r_{02}&T_x\\r_{10}&r_{11}&r_{12}&T_y\\r_{20}&r_{21}&r_{22}&T_z\\0&0&0&1\end{bmatrix}\tag{4-22}$$

其中

$$\boldsymbol{P}=\begin{bmatrix}P_{00}&P_{01}&P_{02}&P_{03}\\P_{10}&P_{11}&P_{12}&P_{13}\\P_{20}&P_{21}&P_{22}&P_{23}\end{bmatrix}\tag{4-23}$$

5. 镜头畸变

在上节内容中谈到，由相机坐标系到图像坐标系的转换采用了中心透视投影的原理。在透视投影下，由于相机在拍摄的过程中会经过透镜把实物投影在像平面上，而透镜会因为其制造精度或工艺手段的差别进而产生畸变，使得原来的图像失真，所以有必要对镜头畸变的问题进行讨论。

透镜的畸变主要分为两种情况，分别是径向畸变和切向畸变。此外还有薄透镜畸变等，但是由于其他畸变情况发生并不明显，因此只考虑径向畸变和切向畸变。

（1）径向畸变。径向畸变就是沿着透镜半径方向分布的畸变，这是由于光线在原理透镜中心位置比靠近中心的位置弯曲度更大，径向畸变的表现形式有桶形畸变和枕形畸变（图 4–14），而且在普通低价的相机中最为常见。

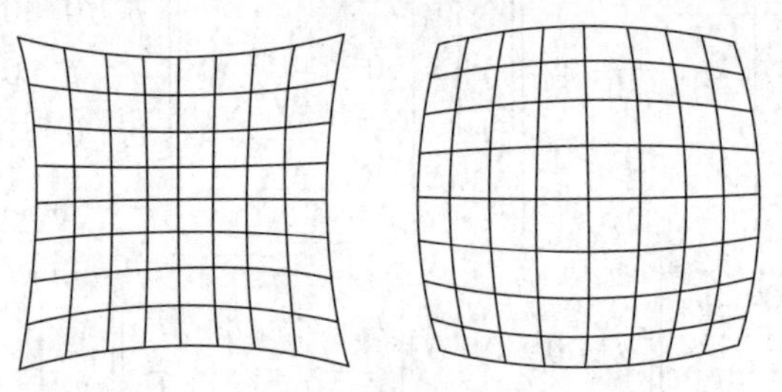

图 4–14 畸变示意图

通常情况下，会在 r=0 处进行泰勒级数展开，并且可以通过泰勒展开式的前三项来近似解释径向畸变，因此对径向畸变校正前后的坐标关系为

$$\begin{cases} x_0 = x(1 + k_1 r^2 + k_2 r^4 + k_3 r^6) \\ y_0 = y(1 + k_1 r^2 + k_2 r^4 + k_3 r^6) \end{cases} \tag{4-24}$$

（2）切向畸变。切向畸变的产生原因是相机透镜与相机的传感器平面（像平面）或图像平面不平行。大部分情况下，都是因为透镜被粘贴到镜头模组上的安装偏差所导致。此类畸变模型可以通过两个参数 p_1 和 p_2 来描述：

$$\begin{cases} x_0 = x + 2p_1 xy + p_2(r^2 + 2x^2) \\ y_0 = y + 2p_2 xy + p_1(r^2 + 2y^2) \end{cases} \tag{4-25}$$

其中，r 为径向半径，$r^2 = x^2 + y^2$，因此需要有五个畸变参数 k_1、k_2、k_3、p_1、p_2 来描述透镜畸变。

4.3.2　标定方法

在 4.1 节与 4.2 节两节中已经建立了相机成像的几何模型，得到了投影矩阵 $\boldsymbol{P}$。投影矩阵 $\boldsymbol{P}$ 由相机的内参数矩阵和外参数矩阵构成。相机内参数指的是几何参数与光学参数，如图像中心坐标、焦距、比例因子以及镜头畸变等；外部参数指的是相机坐标系相对于某一世界坐标系的三维位置、姿态关系，如旋转矩阵和平移向量。在通常情况下，相机的内外参数都需要实验计算求得，而这个过程便是相机标定。

相机标定技术的研究起源于图像测量学，虽然因应用侧重点不同而有所区别，但所使用的计算方法基本相同。每个镜头的畸变是不同的，通过相机标定可以校正这种由镜头引起的畸变。另外，利用一些已知的条件，可以从经过标定的相机采集的图像中恢复目标物体在世界坐标系中的位置。表 4–2 是对相机标定方法的总结。

表 4–2　相机标定方法

标定方法	优点	缺点	常用方法
传统相机标定法	可使用于任意的相机模型、精度高	需要标定物、算法复杂	Tsai 两步法、张氏标定法
主动视觉相机标定法	不需要标定物、算法简单、鲁棒性高	成本高、设备昂贵	主动系统控制相机做特定运动
相机自标定法	灵活性强、可在线标定	精度低、鲁棒性差	分层逐步标定、基于 Kruppa 方程

（1）Tsai 两步法的标定过程：首先通过线性来求相机参数，然后在畸变因素下获得最初的参数值，最后经非线性优化求得最终的相机参数。这种相机标定速度较快，但不足之处在于其只考虑了径向畸变，对畸变严重的相机进行标定并不合适。

（2）张氏标定法采用了一个二维的黑白方格标定板对其进行标定，通过获取标定板上不同位置的图像，并获得图像中角点像素的坐标，再根据单应矩阵运算出相机的内外参数初始值，最后使用非线性最小二乘法来估计畸变系数，并通过极大似然估计法来优化参数。张氏标定法方便易操作，精确度很高，对大多数相机都能够进行标定。

（3）基于主动视觉的相机标定法的标定过程：首先由主动系统使相机做规定的动作，然后在其发生位移的过程中拍摄大量图片，通过对图像数据以及其位移数据来求得相机的内外参数。由于主动视觉标定法需要在高精度的控制平台下进行标定，其成本较高，所以其应用范围较小。

（4）分层逐步标定法：首先对图像的序列进行射影重建，之后进行放射标定和欧式标定，同 Tsai 两步法一样，经过非线性优化得到相机的内外参数。但是由于其初始参数是模糊值，这种标定法的优化算法有可能会发散。

（5）基于 Kruppa 的自标定法是通过二次曲线建立关于相机内参矩阵的约束方程，最少通过三组图像来进行标定。这种算法的稳定性会受图像序列长度因素的影响，无法保证射影空间中的无穷远平面。

第 5 章　智能视觉感知技术

机器视觉是一门研究如何使机器“看”的科学。用照相机和电脑代替人类来识别并测量一个目标对象。机器视觉的主要任务是对采集到的图像或视频进行处理，获得场景中相应的信息。机器视觉的主要任务如下。

5.1　目标检测

5.1.1　定义

目标检测是计算机视觉中最基本、最具挑战性的问题之一。它概括了普遍研究的对象分类问题，给定一幅图像，目标检测旨在回答“在哪里”的问题，在检测的过程中使用边界框来划分每个对象的区域。

目标检测有着许多实际的应用。例如，自动驾驶汽车依靠目标检测来定位目标，了解周围环境，并帮助做出安全决策。在医学成像中，物体探测器可以帮助在医学扫描中定位病变，减轻放射科医生和其他医学专家的负担。然而，对象检测也是计算机视觉的上游任务，支持许多其他下游任务，如视觉回答问题、字幕、视觉导航、机器人抓取及姿态估计等。因此，目标检测的进步将有利于计算机视觉的其他领域的发展，使得计算机视觉系统变得更加有效①。

5.1.2　基本原理

近年来，研究表明，由深度卷积神经网络（CNN）提取的学习特征表示，甚至远远优于最好的手工特征，如 SIFT、HOG 和 Haar 小波。虽然普通的 CNN 特征表示具有很强的分类性能，但其应用于对象检测需要非平凡扩展。与分类不同，目标检测需要解决两个任务。首先，检测器必须解决识别问题，

① 卢金燕．机器人智能感知与控制 [M]. 郑州：黄河水利出版社，2020:14-17.

区分前景物体和背面，为它们设置合适的对象类标签[①]。其次，检测器必须解决定位问题，为不同的对象分配精确的边界框。在本章中，将介绍过去几年提出的基于 CNN 的目标检测框架。这些检测方法可以分为两大类：一类是两级物体探测器，如 R-CNN、SPP-Net、Fast R-CNN 及 Faster R-CNN 等；另一类是单级物体探测器，如 YOLO、SSD 等。

目前，大多数的目标检测实现了分类和边框回归的组合，分类尝试预测图像区域中对象的类别，边框回归尝试通过预测包含对象的最紧密的框来确定区域。考虑一个与类标签 y 相关联的边框 g 的地面真值目标和边框 b，以及边框 b 的检测假设 x。由于 b 通常包含一个目标对象和一定量的背景，很难判断检测是否正确，因此这个问题通常是通过交并比（IoU,lntersection over union）来解决的。

$$\mathrm{IoU}(b,g)=\frac{b\bigcap g}{b\bigcup g} \tag{5-1}$$

如果 IoU 在阈值 u 以上，则认为 x 是边框 g 对象类的一个例子，表示一个“正”例子。因此，假设 x 的类标号是 u 的函数，则有

$$y_u=\begin{cases} y, & \mathrm{IoU}(b,g)\geqslant u \\ 0, & \text{其他} \end{cases} \tag{5-2}$$

如果 IoU 没有超过任何对象的阈值，x 被分配给背景，表示一个“负”的例子。虽然边框回归任务不需要定义正 / 负例子，但选择样本集还需要一个 IoU 阈值 u 用来训练回归器。尽管用于两个任务的 IoU 阈值不一定相同，但这在实践中是常见的。因此，IoU 阈值 u 定义了检测的质量。

较大的阈值鼓励检测到的边框与其真实目标对象紧密对齐，而较小的阈值会使得两边框重叠程度降低。图 5-1 给出了一些质量提高的假设例子。数字分别是两个边界框之间的 IoU，表示它们相互重叠的程度。

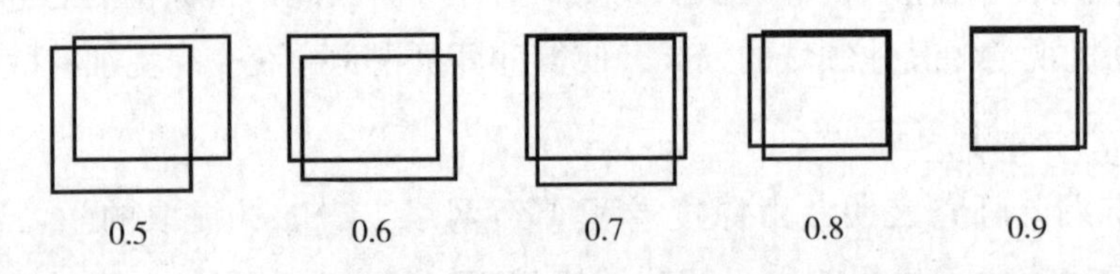

图 5-1　提高质量的例子

① 张宝昌，杨万扣，林娜娜．机器学习与视觉感知 第 2 版[M]. 北京：清华大学出版社，2020:81-89.

5.1.3　R-CNN

R-CNN（region-CNN, 带有 CNN 特征的区域）是在使用深度神经网络进行一般物体检测方面的开创性努力，这是第一个利用强大的 CNN 特征表示来超越 DPM（deformable parts model）方法的系统结构。这也证明了在 ImageNet 图像库上为分类而预先训练的 CNN 特征可以成功地微调到其他下游任务，如检测、分割等[36]。

R-CNN 是卷积神经网络应用于目标检测问题的一个里程碑式的飞跃。CNN 具有良好的特征提取和分类性能，采用区域建议方法实现目标检测问题。其具体算法可以分为三步：候选区域选择、CNN 特征提取和分类与边界回归，如图 5-2 所示。

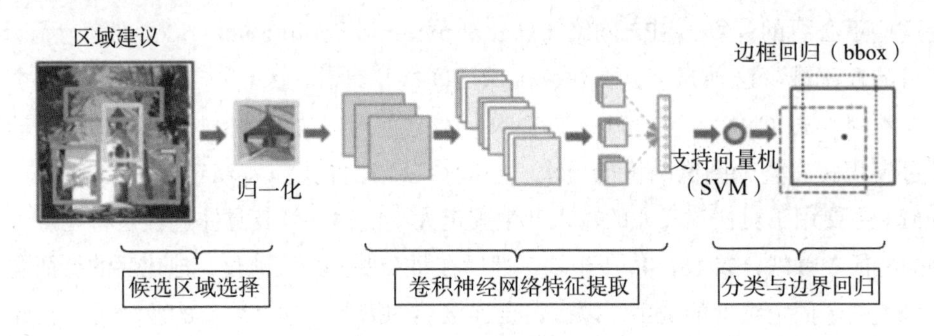

图 5-2　R-CNN 系统概述

（1）候选区域选择。

区域建议（region proposal）是一种传统的区域提取方法，基于启发式的区域提取方法，用的方法是选择性搜索（selective search，SS），查看现有的小区域，合并两个最有可能的区域，重复此步骤，直到图像合并为一个区域，输出候选区域。然后将根据建议提取的目标图像标准化，作为 CNN 的标准输入，可以看作窗口通过滑动获得潜在的目标图像，在 R-CNN 中一般候选选项为 1k ～ 2k 个，即可理解为将图片划分成 1k ～ 2k 个网格，之后再对网格进行特征提取或卷积操作，这根据 R-CNN 类算法下的分支来决定，然后基于建议提取的目标图像，将其标准化为 CNN 的标准输入。

（2）CNN 特征提取。标准卷积神经网络根据输入执行类似卷积或池化的操作以获得固定维度输出。换句话说，在特征提取之后，特征映射被卷积和汇集以获得输出。

（3）分类与边界回归。实际上，它有两个子步骤：一个是对前一步的输出向量进行分类（分类器需要根据特征进行训练）；第二种是通过边界回归框回归（bounding box）获得精确的区域信息。其目的是准确定位并且合并完成分类的预期目标，并避免多重检测。在分类器的选择中有支持向量机（support vector machines, SVM）、Softmax 逻辑回归模型等；边界回归有 bbox 回归、多任务损失函数边框回归等。

5.1.4 SPP 网络

虽然 R-CNN 显著提高了一般物体的检测性能，但它是一个复杂的检测方法。由于 CNN 的计算需要从单个图像重复数以千计的区域建议，复杂程度较高，而 R-CNN 检测对每幅图像的运算需要 30 s 以上的时间，因此，为了减少这些不必要的计算，SPP 网络（spatial pyramid pooling network）便产生了，其目的在于减少这种冗余，在建议区域之间共享计算。

不同于 R-CNN 系统框架，在 CNN 计算之前对建议区域进行裁剪，SPP-Net 通过卷积转发整个图像网络的层次。空间金字塔池化层（spatial pyramid pooling, SPM）主要用于对任意尺寸的输入产生固定大小的输出。其具体过程是将任意大小的特征图首先分成 16、4、1 个块，然后在每个块上最大池化，池化后的特征拼接得到一个固定维度的输出，以满足全连接层的需要。这个简单的改变可以在建议区域之间共享复杂的 CNN 计算，整个图像只处理一次。其中重要的操作是空间金字塔池化，它将任意比例和大小的实例特征映射为固定长度的向量。这是第一次表明来自卷积特征图的特征可以在一个空间区域上汇集，从而产生具有良好属性的实例特征表示，并用于实例识别。同时，这也启发了之后的 Fast R-CNN 等系统结构。

5.1.5 Fast R-CNN

1. 架构

首先，Fast R-CNN 通过 CNN 的卷积层转发整个图像，生成特征图（feature map）。接下来，一个感兴趣区域（region of interest, RoI）池化层用于提取每个对象建议的固定长度特征向量[37]。最后，使用两个 FC 层（full connection layer）进行最后的预测：K+1 类的分类概率和四个边框坐标的回归。与 R-CNN 和 SPP-Net 不同，Fast R-CNN 是端到端的多任务训练，因此避免了烦琐的多阶段训练过程。Fast R-CNN 的系统架构如图 5-3 所示。

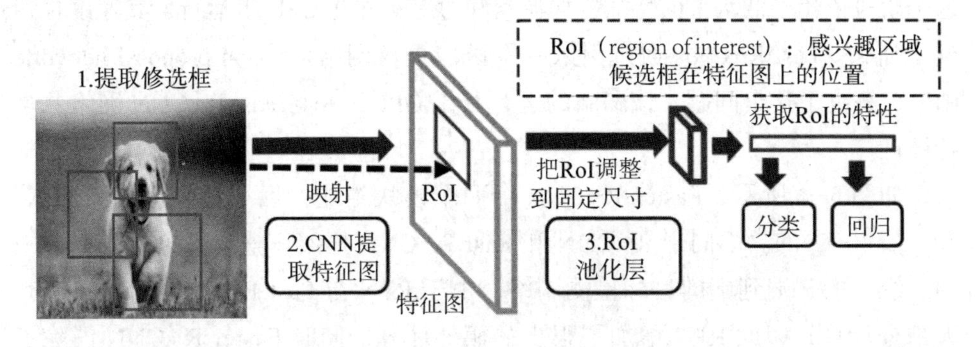

图 5-3　Fast R-CNN 系统概述

与上述的 R-CNN 相比，Fast R-CNN 在三个方面有了很大的提升：

（1）测试时的速度得到了提升。R-CNN 算法与图像内的大量候选帧重叠，导致提取特征操作中的大量冗余；而 Fast R-CNN 则很好地解决了这一问题。

（2）训练时的速度得到了提升。

（3）训练所需的空间大。RCNN 中分类器和回归器需要大量特征作为训练样本；而 Fast R-CNN 则不再需要额外储存。

2. RoI 池化

RoI 池化层仅仅是 SPP 池化层的一种特殊形式，即采用了金字塔中的一层。首先，RoI 池化层将接收卷积特征图作为输入，针对每一个输入图像中的 RoI，在卷积特征图中得到映射区域。将高度和宽度分别为 h 和 w 的 RoI 池化到不同的空间分辨率（1×1、2×2 和 4×4）并将它们连接在一起，将这个 RoI 进行区域分割，变为 $H \times W$ 的网格，如 7×7。然后在每个子窗口中使用最大池化（max-pooling）来提取最大的特征值，这个过程被独立地应用到每个特征映射通道。尽管 RoI 池化比 SPM（statistical parametric mapping）更简单，但它仍然可以从预先计算的卷积特征映射中有效地提取出具有任意大小和比例的建议的强大特征表示，同时这也是目标检测的关键需求。

5.1.6　Faster R-CNN

1. 架构

SPP-Net 和 Fast R-CNN 都显著提高了 R-CNN 的运行速度，每幅图像运算耗时从 30 s 左右缩短到 2 s 左右。基于这些问题提出了通用的提案检测阶段，

这个阶段依赖于低水平的特征，如像素和边缘，并在 CPU 上运行，其速度也达到了瓶颈。Fast R–CNN 通过引入一个区域提议网络（region proposal network, RPN）解决了这个问题，该网络的运行基于 GPU，并与 Fast R–CNN 网络共享特征计算。

如图 5–4 所示，Faster R–CNN 由两个模块组成：区域提议网络（RPN）和 Fast R–CNN。不同于 R–CNN 和 Fast R–CNN 框架，整个系统是一个单一的、统一的、端到端的目标检测网络。由于 RPN 与 Fast R–CNN 网络共享其大部分计算，因此 RPN 增加了很少的额外计算，同时 Faster R–CNN 消除了提案生成时间，并在 GPU 上实时运行。

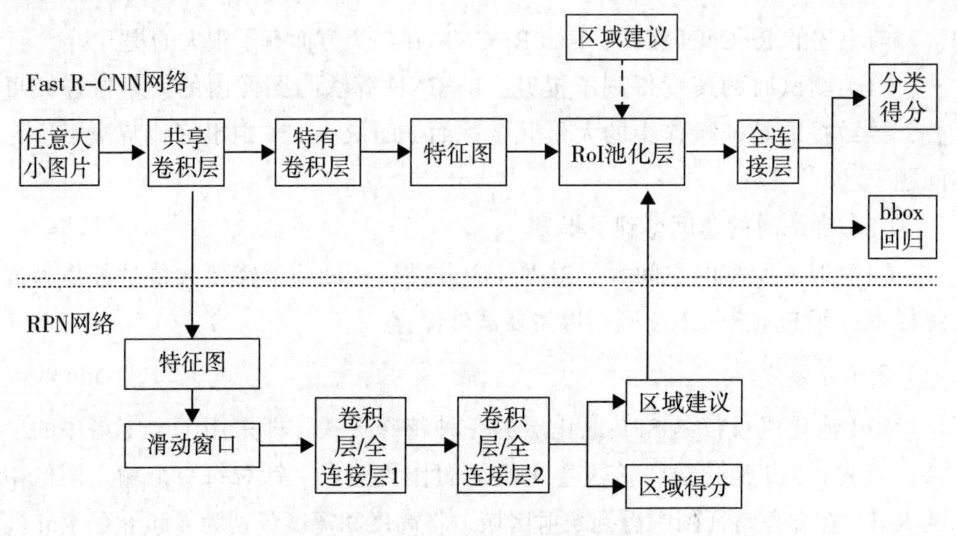

图 5–4　Faster R–CNN 系统框架

2. RPN 网络

RPN 网络通过在卷积特征图上滑动一个小网络来检测区域提议。这个小型网络是由 256 维和 3×3 卷积层、ReLU（rectified linear unit）层以及两个完全连接的输出层实现的。与 Fast R–CNN 的最终输出层类似，第一输出层用于二进制分类，第二输出层用于边界框回归。这将为给定的锚生成一个“目标性”分数和 4 个坐标。根据目标性分数，前 300 个提议由 RPN 生成，并将在后期的 Fast R–CNN 阶段使用。

5.2　视觉追踪

追踪是一个高度模糊的术语，对于视觉追踪有着许多不同的解释。因此，本节首先对问题进行了全面的定义，以便将本节与其他解释区分开来，并使所有的问题都清晰明了。

5.2.1　基本原理

在深入研究基于学习的方法之前，本节将简要讨论完全构建在初始带注释的限定框（通常称为模板）上的相关方法。

一般来说，可以将基于模板的方法分为生成式方法和判别式方法。生成式方法是最常用的基于模板的方法，这里的模型基本上就是原型图像块，通常是模板本身。目标在后续帧中的定位是通过将模型与帧中的候选位置进行匹配来获得的，匹配需要图像块之间的距离度量，如 L_2 范数（最小二乘）或像素差的 L_1 范数。

由于搜索可以完整地完成，因此其适用于高效的 L_1 方法，并使用启发式或迭代方法来减少搜索窗口（如动态模型）。最初几年最主要的方法是基于 L_2 规范和迭代方法。

现如今将更多地关注区分方法，其中模型是初始模板的两倍。在最基本的情况下，对偶性是根据向量空间中的标量积来理解的。假设 d 个向量 $\boldsymbol{v}_k$ 张成一个 d 维的向量空间。这些向量不被假设为标准化或正交的，对偶基由 d 个向量 $\tilde{\boldsymbol{v}}_k$ 张成，由此得到式（5−3）：

$$\langle \boldsymbol{v}_k | \tilde{\boldsymbol{v}}_l \rangle = \begin{cases} 1 & k=l \\ 0 & k \neq l \end{cases} \quad k,\ l \in \{1, \cdots, d\} \tag{5-3}$$

其中，$\langle\ |\ \rangle$ 表示标量积。注意，在标准正交基的情况下，$\{e_k\}_{k=1,\cdots,d}$ 基向量对它们自己是对偶的。如果用系数 a_{kl} 重写向量 $\boldsymbol{v}_k = \sum_{l=1}^{d} a_{kl} e_l$，则立刻就能得到系数 A 的 $d \times d$ 矩阵的秩是 d 而且它的逆存在。不失一般性，可以假设 $\{e_k\}_{k=1 \ldots d}$ 是 $\mathbf{R}^d$ 的规范基础，从而假设 v_k，$k=1,\cdots,d$ 是 A 的行。如果对 A 的行进行循环移位然后乘 $A-1$，将不再得到单位矩阵，而是单位矩阵的循环移位，此时已经成功地“跟踪”了基向量 $\boldsymbol{v}_k$。

这个概念可以应用于任何向量空间，包括函数或信号。因此，纯相位匹配滤波器的思想是使用模板的对偶来确定独特的分数。如果边界框位于模板，并且在附近接近于零，则该分数将达到最大值。

5.2.2 归一化互相关（normalized cross correlation, NCC）

预测边框位置最初的方法之一是模板匹配。通过生成模型 m 进行匹配，生成模型 m 是由初始帧的限定框内的图像块得到的。在匹配过程中，将模型 m 与随后每一帧的候选图像块 p 进行比较，分别用最相似的图像块来确定边框在该帧中的位置。

模型可以是初始边框中的原始图像快，但更常见的假设是模型 m 的直流量为零，即减去模板的均值。图像的绝对强度往往取决于除目标本身以外的其他因素，如光照、阴影及曝光时间等，去除直流分量使得匹配在这些变化下更加稳健。

为了进一步提高鲁棒性，还利用模板 m 和候选图像块 p 的方差对强度动态进行一般归一化：

$$\sigma_m^2=\frac{1}{|R|}\sum_{x,\ y}m(x,\ y)^2 \tag{5-4}$$

$$\sigma_p^2=\frac{1}{|R|}\sum_{x,\ y}p(x,\ y)^2-\left(\frac{1}{|R|}\sum_{x,\ y}p(x,\ y)^2\right) \tag{5-5}$$

其中，R 为图像块的区域面积。候选图像块通常由滑动窗口在下一帧 f 或它的一部分 $p_{x,\ y}(r,\ s)=f(x+r,\ y+s)$ 中选择。通过模板与图像块之间的标量乘积来计算匹配分数。滑动窗口和标量积的这种组合导致了 m 和 f 的相关性：

$$c(x,\ y)=\langle p_{x,\ y}|m\rangle=\sum_{r,\ s}p_{x,\ y}(r,\ s)m(r,\ s)=\sum_{r,\ s}f(x+r,\ y+s)m(r,\ s) \tag{5-6}$$

将式（5-6）定义为 $(f\cdot m)(x,\ y)$。注意，p 不需要任何直流补偿，因为 m 是无直流的，因此标量积不包含 p 的平均值的任何贡献。随后除以标准差的乘积得到归一化互相关：

$$c_n(x,\ y)=\sigma_m^{-1}\sigma_{x,\ y}^{-1}c(x,\ y) \tag{5-7}$$

其中，$\sigma_{p_{x,\ y}}$ 仍然在滑动窗口中计算，使其成为（x，y）的函数；相关性 c（x，y）本身无须通过傅立叶进行有效的归一化，其可以在傅立叶域中进行有效的计算。

$$C(u,\ v)\propto F(u,\ v)\circ\bar{M}(u,\ v) \tag{5-8}$$

其中，大写字母表示对应信号的傅立叶变换；$\bar{M}$ 是 M 的复共轭；频率坐标用（u，v）表示；$\circ$ 是逐点积。具有最大归一化互相关的位置 $(\tilde{x},\ \tilde{y})$ 用作限定盒位置的预测。

归一化互相关不仅适用于固定模板，也适用于自适应模板。上面过程的唯一变化是，第一帧的模板只用于初始化模型 m，在第一帧之后，使用定位的边框中的图像块来更新模型：

$$m \leftarrow (1-\lambda)m + \lambda p_{\tilde{x},\ \tilde{y}} \tag{5-9}$$

其中，$\lambda \in (0,\ 1)$ 表示更新因子。如果这个因素被选择得太大，模型将遭受漂移，如果选择得太小，模型将不能充分适应外观变化。

注意，在静态和自适应情况下，式（5-7）的解与归一化图像块的最小二乘问题相同：

$$\min_{x,\ y} \left\| \sigma_{px,\ y}^{-1} p_{x,\ y} - \sigma_m^{-1} m \right\|^2 = \left\| \sigma_{px,\ y}^{-1} p_{x,\ y} \right\|^2 + \left\| \sigma_m^{-1} m \right\|^2 - 2 \max_{x,\ y} c_n(x,\ y) \tag{5-10}$$

其中，$\left\| \sigma_{px,\ y}^{-1} p_{x,\ y} \right\|^2 + \left\| \sigma_m^{-1} m \right\|^2$ 为常量。

如果用梯度下降迭代求解最小二乘问题，则得到了 KLT（kanade-lucas-tomasi）角点检测方法。这种方法是完全局部的，即其从之前的位置（或一些动态模型预测的位置）开始，然后定位最近的局部最小值。而归一化互相关则在整个帧 f 中定位到全局最大值。

5.2.3　纯位相匹配滤波器

如果重新考虑傅立叶域中式（5-8）的计算，可以选择 M 为

$$M(u,\ v) = \frac{F(u,\ v)}{|F|^2(u,\ v)} \tag{5-11}$$

即

$$C(u,\ v) = \frac{F(u,\ v) \circ \bar{F}(u,\ v)}{|F|^2(u,\ v)} = 1 \qquad c(u,\ v) = \delta(x,\ y) \tag{5-12}$$

傅立叶 f 和 $(x_0,\ y_0)$ 的移位会导致傅立叶域中的调制（移位定理），从而导致空间域中的狄拉克移位。因此需要过渡到一个鉴别模型，因为过滤器不代表模板的外观，输出分数映射的目标是 1 为正确的位移，0 为不正确的位移。

为了得到理想的分数图，需要整个图像是无噪声的，并与包含目标的图像块一起移动。在实际应用中，情况并非如此，而是将估计的分数图替换为位于最高分处的目标分数图来计算新模型。目标分数图不再是狄拉克，因为功率谱 $|F||F'|$ 在初始帧和后续帧之间发生了变化。由于对称性的原因，式（5-11）中的分母需要改为傅立叶 $|F||F'|$，其中 F' 是当前坐标系的傅立叶变

换。由此得到的滤波器 m 严格来说是非线性的，也被称为对称纯相位匹配滤波器（symmetric phase-only matched filter, SPOMF），其通过在分母中省略 $|F'|$ 来避免非线性。因此，有效的匹配是新帧与具有恒定振幅频谱的模型 m 的相关性。

$$M(u,\ v)=\frac{F(u,\ v)}{|F|(u,\ v)} \tag{5-13}$$

此时滤波器将不再产生狄拉克响应（除非帧有一个恒定的振幅频谱）。在鉴别滤波器方面，可以考虑由当前帧的振幅频谱正则化的纯相位匹配滤波器（phase-only matched filter, POMF）。傅立叶 $C(u,\ v)$ 的每个傅立叶系数有效乘相应的幅谱系数 $|F|(u,\ v)$。因此，输出不是狄拉克，而是一个平滑响应，其形状是由 f' 的幅谱的傅立叶反变换获得的。

5.3 目标识别

5.3.1 目标识别的定义

目标识别是指用计算机实现人的视觉功能，它的研究目标就是使计算机具有从一幅或多幅图像或者是视频中认知周围环境的能力（包括对客观世界三维环境的感知、识别与理解）。目标识别作为视觉技术的一个分支，就是对视场内的物体进行识别，如人或交通工具，先进行检测，检测完后进行识别，然后分析他们的行为。

5.3.2 目标识别的任务

目标识别的任务是识别出图像中有什么物体，并报告出这个物体在图像表示的场景中的位置和方向。对一个给定的图片进行目标识别，首先要判断目标有没有：如果没有目标，则检测和识别结束；如果有目标，就要进一步判断有几个目标以及目标分别所在的位置。最后对目标进行分割，判断哪些像素点属于该目标。

5.3.3 目标识别的过程

目标识别往往包含以下几个阶段：预处理、特征提取、特征选择、建模、匹配和定位。目前，物体识别方法可以归为两类：一类是基于模型的或者基于上下文识别的方法；另一类是二维物体识别或者三维物体识别方法 [38]。对于物体识别方法的评价标准，Grimson 总结出了大多数研究者主要认可的 4 个标准：健壮性（robustness）、正确性（correctness）、效率（efficiency）和范围

（scope）。目标识别的整体框架如图 5-5 所示。

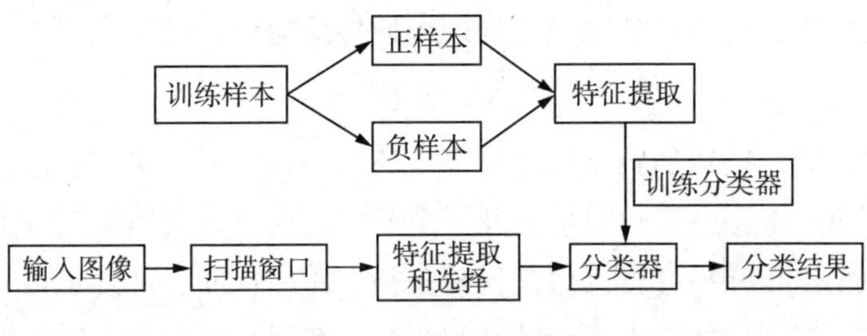

图 5-5　目标识别的框架

1. 预处理

预处理是尽可能在不改变图像承载的本质信息的前提下，使得每张图像的表观特性（如颜色分布、整体明暗和尺寸大小等）尽可能一致，以便于之后的处理过程。瞳孔、虹膜和视网膜上的一些细胞的行为类似于某些预处理步骤，如自适应调节入射光的动态区域等。预处理和特征提取之间的界线不完全分明，有时两者交叉在一起，它主要完成模式的采集、模数转换、滤波、消除模糊、减少噪声及纠正几何失真等预处理操作，因此也需要相应的设备来实现这些操作。

预处理通常与具体的采样设备和所处理的问题有关。例如，从图像中将汽车车牌的号码识别出来，就需要先将车牌从图像中找出来，再对车牌进行划分，将每个数字划分开。做到这一步以后，才能对每个数字进行识别。以上工作都应该在预处理阶段完成。

从理论上说，像预处理这种先验式的操作是不应该有的，因为它并不为任何目的服务，所以完全可以随意为之，而没有“应该怎么做”的标准。大部分情况下预处理是看着实验结果说话，这是因为计算机视觉目前没有一个整体的理论框架，无法从全局的高度来指导每一个步骤应该如何进行。在物体识别中所用到的典型的预处理方法不外乎直方图均衡及滤波几种，像高斯模糊可以用来使之后的梯度计算更为准确；而直方图均衡可以克服一定程度的光照影响。值得注意的是，有些特征本身已经带有预处理的属性，因此不需要再进行预处理操作。

预处理通常包括五种基本运算：

（1）编码：实现模式的有效描述，适合计算机运算。

（2）阈值或者滤波运算：按需要选出某些函数，抑制另一些。

（3）模式改善：排除或修正模式中的错误或不必要的函数值。

（4）正规化：使某些参数值适应标准值或标准值域。

（5）离散模式运算：离散模式处理中的特殊运算。

2. 特征提取

由图像或波形获得的数据量是相当大的。例如，一个文字图像可以有几千个数据，一个心电图波形也可能有几千个数据。为了有效地实现分类识别，就要对原始数据进行变换，得到最能反映分类本质的特征。这就是特征选择和提取的过程。一般把原始数据组成的空间叫测量空间，把分类识别赖以进行的空间叫作特征空间，通过变换，可把在维数较高的测量空间中表示的模式变为在维数较低的特征空间中表示的模式。特征提取是物体识别的第一步，也是识别方法的一个重要组成部分，好的图像特征使得不同的物体对象在高维特征空间中有着较好的分离性，从而能够有效地减轻识别算法后续步骤的负担，达到事半功倍的效果，下面介绍一些常用的特征提取方法。

（1）颜色特征。颜色特征描述了图像或图像区域所对应的景物的表面性质，常用的颜色特征有图像片特征、颜色通道直方图特征等。

（2）纹理特征。纹理通常定义为图像的某种局部性质，或是对局部区域中像素之间关系的一种度量。纹理特征提取最有效的两种方法是基于图像灰度差值直方图以及基于图像灰度共生矩阵。

（3）形状特征。形状是刻划物体的基本特征之一，用形状特征区别物体非常直观，所以利用形状特征检索图像可以提高检索的准确性和效率，且形状特征分析在模式识别和视觉检测中具有重要的作用。通常情况下，形状特征有两类表示方法，一类是形状轮廓特征描述，另一类是形状区域特征。形状轮廓特征主要有直线段描述、样条拟合曲线、博立叶描述子、内角直方图以及高斯参数曲线等；形状区域特征主要有形状的无关矩、区域的面积及形状的纵横比等。

（4）空间特征。空间特征是指图像中分割出来的多个目标之间的相互的空间位置或者相对方向关系，有相对位置信息，比如上下左右，也有绝对位置信息。常用的提取空间特征的方法的基本思想为对图像进行分割后，提取出特征，对这些特征建立索引。

目标比较盛行的有 Haar 特征（haar-like features）、LBP 特征（local binary pattern，局部二值模式）、HOG 特征（histogram of oriented gradient）和 SIFT 特征（scale invariant feature transform，尺度不变特征变换）等，每种方法各有千秋，需根据实际情况选择应用。

3. 特征选择

再好的机器学习算法，没有良好的特征都是不行的，有了特征之后，机器学习算法便开始发挥自己的优势。在提取了所要的特征之后，接下来的一个可选步骤是特征选择，特别是在特征种类很多或者物体类别很多，需要找到各自的最适应特征的场合。严格地说，任何能够在被选出特征集上正常工作的模型都能在原特征集上正常工作，反过来进行特征选择则可能会丢掉一些有用的特征。不过，由于计算上的巨大开销，在把特征放进模型里训练之前进行特征选择仍然是相当重要的。

4. 建模

一般物体识别系统赖以成功的关键基础在于，属于同一类的物体总是有一些地方是相同的，而给定特征集合、提取相同点、分辨不同点就成了模型要解决的问题，因此可以说模型是决定整个识别系统的成败之所在。对于物体识别这个特定课题，模型主要建模的对象是特征与特征之间的空间结构关系。其主要的选择准则，一是模型的假设是否适用于当前问题；二是模型所需的计算复杂度是否能够承受，或者是否有尽可能高效精确或者近似的算法。

模型表示涉及物体具有哪些重要属性或特征以及这些特征如何在模型库中表示。有些物体模型定义为一系列局部的统计特征，即 Generative 模型；有些是采用物体的特征以及物体特征之间的相互关系定义的，如位置关系等，即 discriminative 模型，或者是二者的混合模型。对于大多数物体来说，几何特征描述是很有效的，但对于另外一些物体，可能需要更一般的特征或函数来表示。物体的表示应该包含所有相关信息，但没用任何冗余信息，并且将这些信息以某种方式组织起来，使得物体识别系统的不同组元能够容易访问这些信息。

5. 匹配

在得到训练结果之后（在描述、生成或者区分模型中常表现为一簇参数的取值，在其他模型中表现为一组特征的获得与存储），接下来的任务是运用目前的模型去识别新的图像属于哪一类物体，并且有可能的话，给出边界，将物体与图像的其他部分分割开。一般来说，当模型取定后，匹配算法也就自然而然地出现。在描述模型中，通常是对每类物体建模，然后使用极大似然或是贝叶斯推理得到类别信息；生成模型大致与此相同，只是通常要先估出隐变量的值，或者将隐变量积分，这一步往往导致极大的计算负荷；区分模型则更为简单，将特征取值代入分类器即得结果。

一般匹配过程是这样的：用一个扫描子窗口在待检测的图像中不断地移位滑动，子窗口每到一个位置，就会计算出该区域的特征，然后用训练好的分类器对该特征进行筛选，判定该区域是否为目标。因为目标在图像中的大小可能和训练分类器时使用的样本图片大小不一样，所以就需要将这个扫描的子窗口变大或者变小（或者将图像变小），再在图像中滑动，再匹配一遍。

5.3.4　目标识别的方法

物体识别方法就是使用各种匹配算法，根据已从图像中提取出的特征，寻找在物体模型库中最匹配的物体。它的输入为图像与要识别物体的模型库，输出为物体的名称、姿态、位置等。大多数情况下，为了识别出图像中的物体，物体识别方法一般由 5 个步骤组成：特征提取、知觉组织、索引、匹配和验证。经典的物体识别方法如下。

1. BoW（bag of words）方法

BoW 方法主要是采用分类方法来识别物体。BoW 方法来自自然语言处理，在自然语言处理中是用来表示一篇文档是由一袋子词语组成的，在计算机视觉的物体识别方法中，将图像比作文档，将从图像中提取的特征比作词语，即一幅图像是由一袋子特征组成的。BoW 方法首先需要一个特征库，特征库中的特征之间是相互独立的，然后图像可以表示为特征库中所有特征的一个直方图，最后采用一些生成性（generative）方法来识别物体。

2. PS（partsand structure）方法。

BoW 方法的一个主要缺点为特征之间是相互独立的，丢失了位置信息，而 parts and structure 方法采用了特征之间的关系，如位置信息和底层的图像特征，将提取出的特征联系起来。pictorial structure（PS）提出的弹簧模型将物体部件之间的关系用伸缩的弹簧表示，对于特征之间的关系的模型表示，还有星型结构、层次结构及树状结构等。

3. 生成性（generative）方法与鉴别性（discriminative）方法

生成性方法检查在给定物体类别的条件下，图像中出现物体的可能性，并以此判定作为检测结果的得分，鉴别性方法检查图像中包含某个类别出现的可能性与其他类的可能性之比，从而将物体归为某一类。

5.3.5　目标分割

一旦在图像中找到潜在目标的位置，就要从背景中尽可能准确地将目标提

取出来，即将目标从背景中分割出来。当存在噪声和杂波干扰时，信噪比可能很低，这时将会给分割造成困难。

目标的分割算法有很多，每个分割算法都要解决两个问题：分割准则和执行方法。

1. mean shift 聚类

mean shift 聚类也可以用于边缘检测、图像规则化、跟踪等方面。基于 mean shift 的分割需要精密的参数调整以得到较好的分割效果，如颜色和空间核带宽的选择、区域尺寸最小值的阈值设定。

2. graph–cut

图像分割可以建模为 graph–cut 问题。图 G 的顶点 V 由图像像素点构成；通过剪除加权的边分割为 N 个不相连的子图。两个子图间被剪除的边的权和被称为 cut，权值由颜色、光照、纹理等因素计算得到。通常应用在跟踪目标轮廓上。与 mean shift 相比，它所需要的参数较少，但计算开销和内存开销较大。

3. 主动轮廓

主动轮廓曲线将一个闭合轮廓曲线推演为目标边界，从而实现图像分割。这个过程由轮廓的能量函数来操纵，以解决三个方面的问题：一是能量函数的确定，二是轮廓曲线的初始化，三是轮廓表达方式的选择。

5.4　基于机器学习的视觉感知技术

5.4.1　方向梯度直方图

随着科学技术的发展，目标检测的方法越来越多。传统的经典算法主要包括有向梯度直方图与支持向量机结合的算法、DPM（deformable parts model）算法以及 Haar 特征与 Adaboost 算法的结合。将梯度方向直方图与支持向量机相结合，可以在无人驾驶系统中取得较好的效果。因此，本节主要介绍这种方法[①]。

梯度方向直方图（histogram of oriented gradient, HOG）特征是一种用于目标检测的描述符。HOG 特征是通过计算和计算图像局部区域的有向梯度直方图来获得的。

HOG 的思想不是利用图像中每个像素的每个梯度方向，而是将像素分组

① 张宝昌，杨万扣，林娜娜．机器学习与视觉感知 [M]. 北京：清华大学出版社，2016:49–58.

成小单元。针对每个小单元计算所有梯度方向，然后将其划分为多个方向区域，总结每个样本中梯度的大小。因此，梯度越强，对其情况的权重越大，减小了噪声引起的小随机方向的影响[39]。直方图提供了单元主导方向的图像，通过对所有单元执行相同的操作，可以提供图像结构。HOG能够使图像的几何和光学变形态保持良好，被检测图像的形状也可以有一些细微的变化，在不影响检测效果的情况下，可以忽略这些细微的变化。

HOG特征的具体操作如下。

1.归一化

为了减少光照因素的影响，首先需要对整个图像进行归一化处理。在图像的纹理强度中，局部表面曝光贡献率较大，因此该压缩过程可以有效地减小图像的阴影和光照变化。由于颜色信息是无效的，通常首先将其转换为灰度图像。

2.图像梯度计算

计算出图像水平和垂直方向的梯度，然后计算出相应的每个像素位置的梯度方向值。推导操作不仅可以获取轮廓和一些纹理信息，也进一步削弱了照明的影响。

3.构建方向直方图

每个单元中的每个像素代表一个基于方向的直方图通道。采用加权投票，即对每一票进行加权，该加权是根据像素的梯度计算的，幅值本身或它的函数可以用来表示这个权值[40]。实际试验表明，用量值表示权重能达到最佳效果。此外，也可以选择幅值的函数来表示权重，如幅值的平方根、振幅的平方以及幅值的截断形式，等等。

4.把单元组合成大的块（block）

将各个单元组合成大的、空间上连通的区间（blocks）。这样，一个块（block）内所有单元的特征向量串联起来便得到该块的HOG特征[41]。这些区间是互有重叠的，这意味着每个单元格的输出会被重复应用到最终的描述符。

5.4.2 支持向量机

支持向量机是一种常用的识别方法。在机器学习领域，它是一种监督学习模型，通常用于模式识别、分类和回归分析。支持向量机是一个强大的学习机器，其基本理论基于统计学习理论，如统计风险投资理论和结构风险最小化原

则[43]。统计学习理论是研究小规模统计和预测的理论，支持向量机是由线性可分情况下的最优分类扩展发展而来的，如图 5−6 所示。

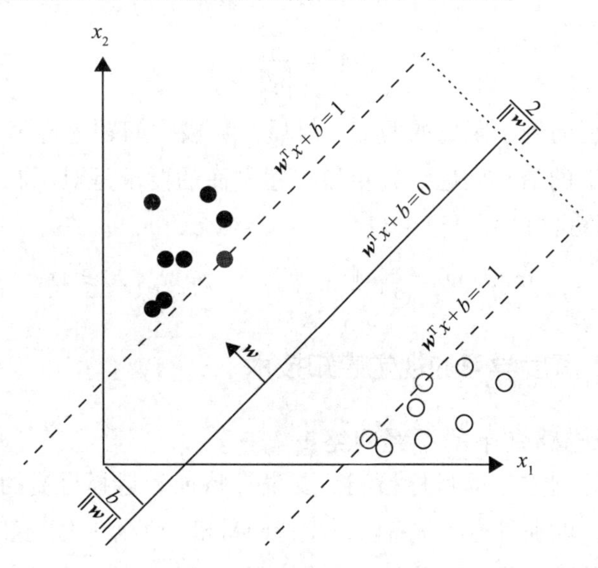

图 5−6　最佳分类平面示意图

图中 $\boldsymbol{w}$ 为法向量，决定了超平面方向，b 是位移量，可以决定超平面与原点之间的距离。从图中可以看出，中间实线为分类线，两侧虚线为样本平行于分类线的线，它们之间的距离称为分类区间。实心点和空心点分别代表两个样本。简而言之，支持向量机就是生成中线，中线是 n 维空间中的超平面，最优超平面计算如下：

$$f(x)=\boldsymbol{w}^{\mathrm{T}}x+b \tag{5-14}$$

通过缩放和扩张，最优超平面可以以无限种不同的方式表示。按照约定，在超平面的所有可能表示中选择如下表示：

$$\left|\boldsymbol{w}^{\mathrm{T}}x+b\right|=1 \tag{5-15}$$

其中，x 表示最近的训练超平面。通常，最接近超平面的训练例子称为支持向量。这种表示法称为正则超平面。

接下来，利用几何结果，给出点 y 到超平面（β，β_0）的距离为

$$D=\frac{\left|\boldsymbol{w}^{\mathrm{T}}x+b\right|}{\|\boldsymbol{w}\|} \tag{5-16}$$

特别地，对于正则超平面，分子等于 1，到支持向量的距离表示为

$$D_s = \frac{\left|\boldsymbol{w}^{\mathrm{T}} x + b\right|}{\|\boldsymbol{w}\|} = \frac{1}{\|\boldsymbol{w}\|} \tag{5-17}$$

$$M = \frac{2}{\|\boldsymbol{w}\|} \tag{5-18}$$

M 是离最近的例子距离的两倍。最后，M 极大问题等价于 L（$\boldsymbol{w}$）函数在一定约束条件下的最小问题。约束模拟超平面的要求是对所有训练样本 xi 进行正确分类，公式为

$$\min_{\boldsymbol{w},\ b} L(\boldsymbol{w}) = \frac{1}{2}\|\boldsymbol{w}\|^2 \quad (\forall i,\ y_i(\boldsymbol{w}^{\mathrm{T}} x_i + b) \geqslant 1) \tag{5-19}$$

5.5 基于深度学习的视觉感知技术

5.5.1 视觉感知中的神经网络

传统图像处理方法的目标检测需要设计特征和选择合适的分类器，但该方法计算量大，识别目标类型有限，支持向量机分类器只能对正样本和负样本进行分类。为了识别车辆和行人，必须使用两个分类器，但这将增加计算的复杂程度，难以满足算法的实时性。另一方面，传统图像特征在 HOG 和 DPM 特征后出现停滞，直到提出卷积神经网络，计算机视觉检测与识别在精度上才取得突破。2012 年，学者们首次将深度卷积神经网络应用于目标识别领域。[28] 这一突破性的实践将 ImageNet 数据集的分类精度记录提高了约 10%，他们进一步深化和拓宽了卷积神经网络，以实现更复杂的目标识别①。此外，首创应用 ReLU（rectified linear unit，线性整流函数）激活函数和最大池化方法，并设计了 Dropout 训练方法和 LRN（local response normalization）层，使参数传输更加快速有效。这些方法的应用使整体的网络训练更深入、更广泛。这证明了深度学习在神经网络中的潜力和优势，其各单元结构如图 5-7 所示。对应公式为

$$h_{\boldsymbol{W},\ B}(x) = f(\boldsymbol{W}^{\mathrm{T}} x) = f\left(\sum_{i=1}^{n} \boldsymbol{W}_i x_i + b\right) \tag{5-20}$$

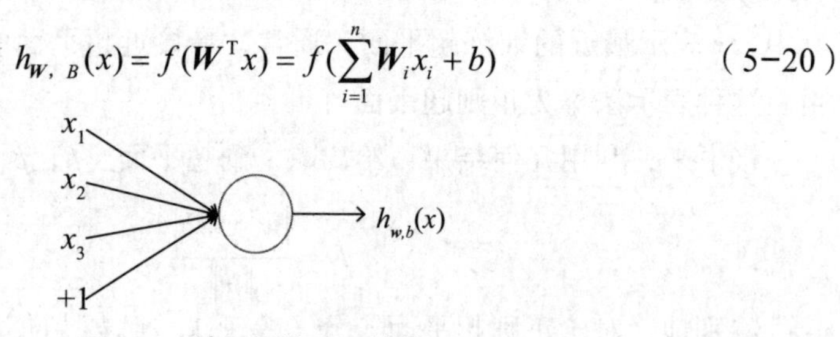

图 5-7 神经网络单元结构

① 李良福．智能视觉感知技术 [M]．北京：科学出版社，2018:9-11.

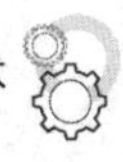

其中，x_1、x_2、x_3 表示初始特征；+1 代表偏移值（bias units，偏置项）；$\boldsymbol{w}_0$、$\boldsymbol{w}_i$ 代表权重（weight），即参数，是特征的缩放倍数。特征经过缩放和偏移后全部累加起来，此后还要经过一次激活运算然后再输出。该单元也可以称为逻辑回归模型，当多个单元组合成一个层次结构时，就形成了一个神经网络模型。图 5-8 显示了一个带有隐式层的神经网络 [45]。

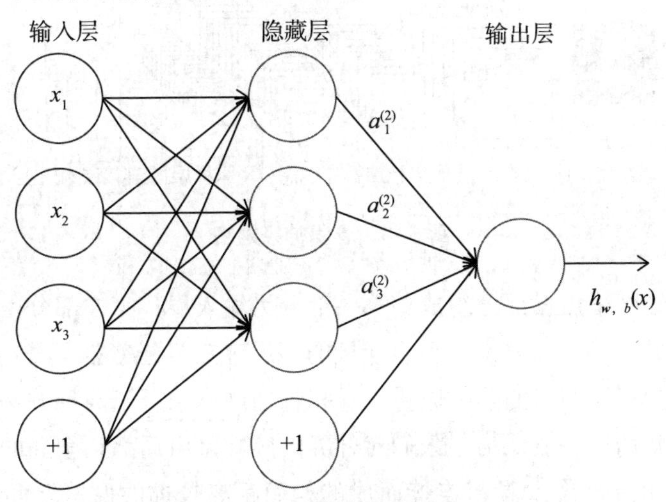

图 5-8 具有隐藏层的神经网络模型

对应的公式如下：

$$\begin{aligned}
a_1^{(2)} &= f(w_{11}^{(1)}x_1 + w_{12}^{(1)}x_2 + w_{13}^{(1)}x_3 + b_1^{(1)}) \\
a_2^{(2)} &= f(w_{21}^{(1)}x_1 + w_{22}^{(1)}x_2 + w_{23}^{(1)}x_3 + b_2^{(1)}) \\
a_3^{(2)} &= f(w_{31}^{(1)}x_1 + w_{32}^{(1)}x_2 + w_{33}^{(1)}x_3 + b_3^{(1)}) \\
h_{W,b}(x) &= a_1^{(3)} = f(w_{11}^{(1)}a_1^{(2)} + w_{12}^{(1)}a_2^{(2)} + w_{13}^{(1)}a_3^{(2)} + b_1^{(2)})
\end{aligned} \tag{5.21}$$

神经网络的训练方法与逻辑回归算法相似，但由于它的多层面性质，还需要用链式法则来演绎。节点的隐层，即梯度下降和链式推导规则，也称为反向传播。

卷积神经网络与普通神经网络的不同之处在于，卷积神经网络由一个特征提取器组成，该特征提取器包括一个卷积层和一个子采样层。在卷积神经网络的卷积层中，一个神经元只与相邻层神经元的一部分相连。卷积层通常有几个特征图，每个特征平面由若干个矩形排列的神经元组成，同一特征平面的神经元共享权值，这里共享的权值被称为卷积核（kernels）。卷积核通常以随机分式矩阵的形式初始化，在网络的训练过程中学习如何获得合理的权值。卷积核的直接好处是减少了网络各层之间的连接，同时降低了过拟合的风险。子采样也称为池化，它通常有两种形式：平均池化和最大池化[46]。子采样可以看作一个特殊的卷积过程，卷积和子采样极大地简化了模型的复杂度，降低了模型的参数。卷积神经网络的基本结构如图 5-9 所示。

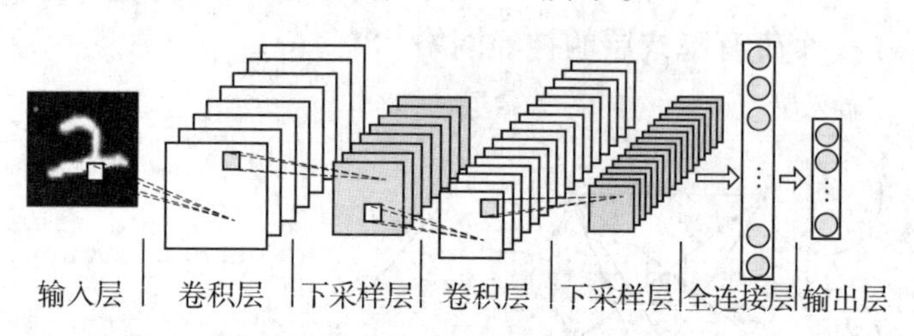

图 5-9　卷积神经网络

卷积神经网络由三部分组成：第一部分为输入层；第二部分由 n 个卷积层和池化层组成；第三部分是一个全连接的多层感知器分类器。

为了减少多层网络的参数数量，卷积神经网络采用了两种方法。第一种方法是局部传感场。一般认为，人们对外界的感知是由局部到全局的，图像的空间连接也是由局部像素紧密连接而成的，而距离较远的像素之间的相关性较弱，因此，它不是每个神经元感知全局图像所必需的，它只需要感知局部，然后对局部信息进行更高层次的整合，就可以得到全局信息。一些网络的构建思路也受到了生物学中视觉系统结构的启发，例如视觉皮层中的神经元局部接受信息，如图 5-10 所示，左图为全连接，右图为局部连接。

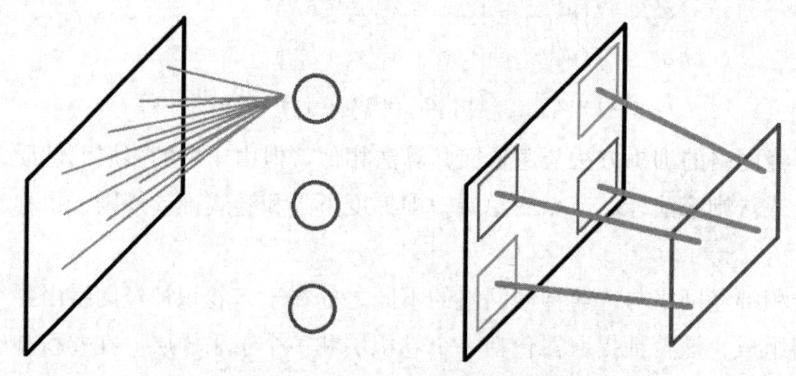

图 5-10　视觉皮层中的神经元

第二种方法是采用权重共享。权重共享是指相同的卷积运算，不同位置的神经元共享相同的一组参数。其概念是，如果将卷积运算作为提取特征的一种

方式，则该方法与位置无关，即图像中某一部分的统计特征与其他部分相同。这也就意味着这一部分的网络学习特性也可以应用到另一部分，所以同样的学习特性可以应用到图像中的任何位置。图 5-11 显示了一个 5 × 5 的图像与一个 3 × 3 卷积核的卷积结果，其中每个卷积结果都是由同一组卷积参数得到的。

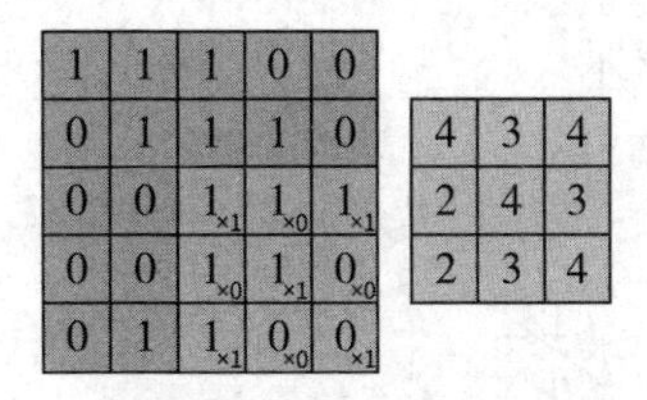

图 5-11　图像卷积的结果

图 5-11 只说明了一个卷积过程，显然，这样的特征提取是不够的。卷积神经网络可以加入多个卷积核，如 32 个卷积核，这样一来就可以学习到 32 个特征。当存在多个卷积核时，结果如图 5-12 所示。

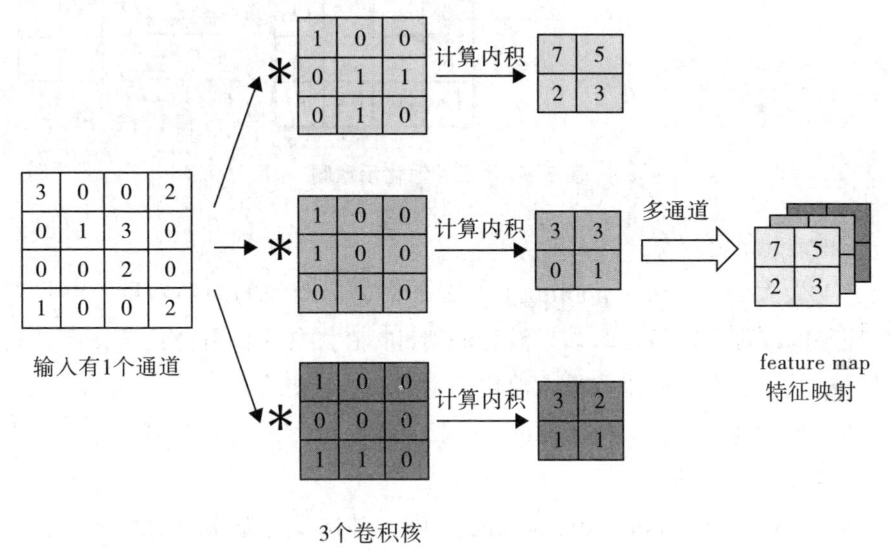

图 5-12　多重卷积核

5.5.2　池化（pooling）

描述一幅大的图像时，在一个图像区域中有用的特征很可能同样适用于另一个区域，需要将输出维数减小到不同位置特征的汇总统计。例如，可以为图像某一区域的特定特征计算平均值或最大值，它的维数比提取的特征要低得多，同时也提高了结果的鲁棒性，避免了过拟合，这种操作被称为池化[47]。

池化的定义比较简单，其最主要的作用就是降维。池化有三种类型，分别是最大池化、平均池化和随机池化，并且池化层不需要训练参数。

最大池化是对局部的值取最大；平均池化是对局部的值取平均；随机池化是根据概率对局部的值进行采样，采样结果便是池化结果。概念非常容易理解，其示意图如图 5-13 所示。

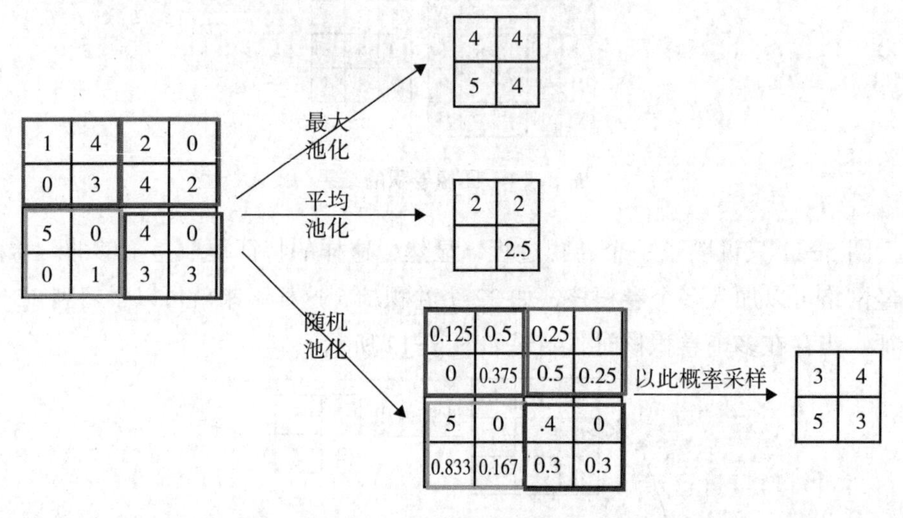

图 5-13　三种池化示意图

三种池化的意义如下。

（1）最大池化（max pooling）可以采集目标图像的局部信息，以此来获得更完整的纹理上的特征。如果没有得到目标在图像中的具体位置，而是只获取其目标是否存在，则采取最大池化产生的结构会更有效。

（2）平均池化（mean pooling）一般能够保留图像整体数据的特征，从而突出图像的背景信息。

（3）随机池化（stochastic pooling）中，被选中的概率会随着元素值增大而增加。与最大池化相比较，其不同之处在于最大池化的取值总是最大值，而随机池化在确保了取最大值的同时，又保证了不会由于取最大值而造成过度失真。除此之外，随机池化还能够在一定程度上避免出现过拟合现象。

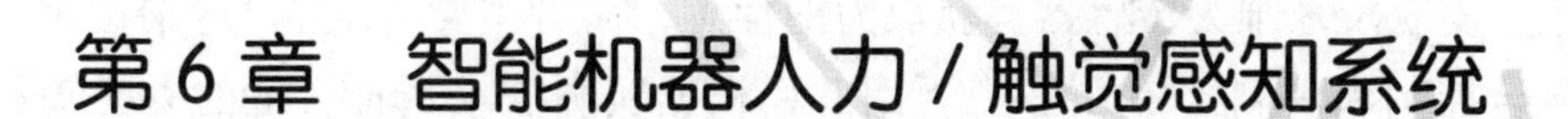

第 6 章　智能机器人力 / 触觉感知系统

自古以来，人类就利用视觉、听觉、触觉、嗅觉和味觉等五种感官来适应环境。本章将主要讨论机器人的力 / 触觉感知，如感知力、力位置、振动、滑移、温度或是疼痛等。力 / 触觉赋予我们一种触觉体验，如果没有这种体验，我们就很难写出或抓住某个物体，抑或是测量物体的属性。鉴于力 / 触觉在科学工作和日常生活中的重要性，研究人员一直在努力更深入地了解这种感知能力，以开发下一代基于力 / 触觉的应用系统。

6.1　机器人力觉感知

6.1.1　基本概述

人的力觉是肌肉运动觉，力觉设备是一个刺激人的力觉的人机接口装置，力觉设备能够接近真实的人类感知去模拟远程或者虚拟环境中的质量、硬度、惯量等信息，并进行路径规划，这些控制任务的前提都需要传感器来进行外界环境和系统内部参数的感知。

力传感是触觉传感器的一项基本和必须的功能，已经被研究了很长一段时间。如今，设计先进的力传感器可用于集中和分散的力 / 压力测量，如智能机器人要在未知或非结构化环境完成作业，需要实时高精度的力和力矩信息。然而，对力 / 力矩信息的高质量的要求也直接导致感知系统变得高度复杂而失去稳定性。

目前最常见的机器人力 / 力矩信息的获取途径主要为通过多维腕力 / 力矩传感器和多维指力 / 力矩传感器获得。其中，安装在机器人中的传感器主要有陈列式、压电式和应变式三种。陈列式有动态触觉和识别形状的特殊功能，但其电路较为复杂，价格也较昂贵；压电式指尖传感器虽然有体积小的特点，但低频性能欠佳，对于多维力的测量非常困难；应变式传感器结构简单，但难以实现多点测量。

此外，根据力觉反馈的方式不同，实现机器人力控的方法也有所区别。机器人力觉主要包括力感知和力控制，前者通过关节电流、单轴力传感器、压力式电子皮肤及六维力传感器等获取力的信息，后者主要有阻抗 / 导纳控制、方位混合控制和观测器等方法[48]。因此，根据实际需求选择合适的力感知和力控方法，才能最终实现力控装配、力控打磨、牵引示教及碰撞检测等功能。

6.1.2 机器人与环境的交互作用

力觉系统主要是应用在机器与人、机器人与环境的交互场景中，图 6–1 为机械臂与人协同工作示意图，此系统具体包括以下三种功能：

（1）检测机器人与用户的碰撞力，保护用户安全。

（2）实现柔顺的牵引示教，提升人机交互体验。

（3）辅助机器人控制对环境输出力，实现打磨、装配等柔顺生产工作。

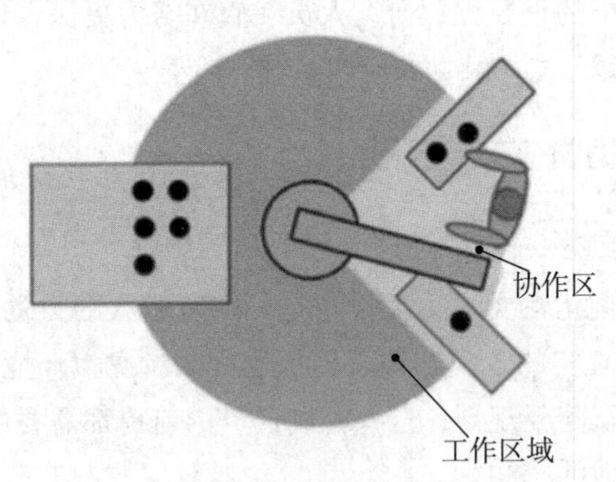

图 6–1 机械臂与人协同工作示意图

通过力觉感知完成任务的基本要求之一是操作者具有与环境之间的交互能力，对交互状态更有效的描述的量是机械手末端执行器处的接触力。接触力的高值通常是不可取的，因为它们可能同时对机械手和被操作的物体造成应力。

在机器人末端执行器需要操纵物体或在表面上执行某些操作的情况下，机器人与环境之间的交互控制对许多实际任务的成功执行至关重要。典型的例子包括抛光、去毛刺、机械加工及装配。考虑到可能发生的情况，对可能的机器人任务进行完整的分类实际上是不可行的，而且这种分类对于找到与环境交互

控制的一般策略也不会真正有用。

在交互过程中，环境对末端执行器可遵循的几何路径设置约束，这种情况通常称为受限运动。在这种情况下，使用纯运动控制策略来控制交互可能会失败。只有对交互任务进行精确的规划，才能通过运动控制使交互任务与环境成功地执行，反过来，又需要一个精确的机器人操纵器模型（运动学和动力学）和环境（几何和机械特征）[①]。

为了理解任务规划精度的重要性，观察与定位方法相匹配的机械零件就足够了，且零件的相对定位应该保证精度大于零件机械公差的一个数量级。一旦准确地知道一个部件的绝对位置，机械手就应该以同样的精度引导另一个部件的运动。然而在实践中，规划误差可能引起接触力，导致末端执行器偏离所期望的轨迹。另一方面，控制系统会做出反应来减小这种偏差，这样一来便会导致接触力的积累，最终可能导致关节执行器饱和或接触的部件发生断裂。环境刚度和位置控制精度越高，就越有可能出现上述情况。如果在交互过程中确保了兼容的行为，那么这个缺陷是可以克服的。

从上面的讨论可以清楚地看出，接触力是用最完整的方式描述相互作用状态的量，由此一来，力测量的可实施性有望为相互作用的控制提供更好的性能。交互控制策略可分为两大类：间接力控制和直接力控制。两者的主要区别在于前者通过运动控制实现力的控制，没有力反馈闭合回路；相反，由于力反馈回路的闭合，后者提供了将接触力控制到一个期望值的可能性。

6.2　机器人触觉感知

6.2.1　人类的触觉

人类触觉感知可以作为机器人触觉感知的基础，人类的“触觉”包括两种主要的次模态，皮肤的和动觉的，以其感觉输入为特征。皮肤感觉接收来自嵌入皮肤的感受器的感觉输入，而动觉接收来自肌肉、肌腱和关节内感受器的感觉输入。应该注意的是，感觉输入不仅有机械刺激，还有热、冷和各种刺激产生疼痛。

人的触觉是通过接触、刺激获得的感觉，触觉设备是一个刺激人的触觉的人机接口装置，触觉设备能够真实地再现形状、纹理及粗糙度等触觉要素。

机器人技术被分别定义为外部和内部传感。在机器人应用中，外部触觉传

① 卢金燕 . 机器人智能感知与控制 [M]. 郑州：黄河水利出版社，2020:21,22.

感是通过触觉传感阵列或一组协调的触觉传感器来实现的。在系统层面上，触觉传感系统可以说是由各种各样的传感元件来对感知的事件进行联系的。例如，外部的触觉传感和计算处理单元在机器人中被称为外部触觉传感系统，类似于皮肤传感系统，其中每个接受域都与分析的特定区域相关联。

如前所述，触觉是人类的五种感官之一。虽然视觉和听觉通常被认为是们日常生活中最重要的两个感官，但触觉同样非常重要，因为它使我们能够非常灵活地使用工具。因此，触觉感知领域发展的一个重要步骤是开发一种机械装置，令它复制和取代人类的手的触觉，但这同样是一个非常重大的挑战，这主要是因为我们的手（特别是手指）对 10 ～ 100 Hz 范围内的最小振动都非常敏感。因此，为了帮助定义此类硬件的设计要求，理解触觉感知机制的基本原理是很重要的，这些知识有助于推动触觉感知的发展，同时，它还有助于我们理解哪些信号对沟通是重要的以及其应该被沟通的程度。虽然这些知识是一个先决条件，但还有更多的东西需要被考虑，并不是简单的触觉神经生理学，而是触觉和动觉信息的结合。

6.2.2 触觉感知的定义和分类

1. 触觉感知的定义

触觉感知可以被定义为一种感知形式，通过感觉器官和物体之间的物理接触来测量物体的给定属性。因此，触觉传感器被用于测量传感器和物体之间的接触参数，使其能够检测和测量任何给定的感觉区域上的力的空间分布，包括滑移和触摸感知。

实际上，滑移是测量和检测一个物体相对于传感器的运动[①]。触摸传感可以与检测和测量在指定点的接触力相关联。触觉感知可以覆盖的刺激范围是从提供有关接触状态的信息（如与传感器接触的物体的存在或不存在）到对触觉状态和物体表面纹理的完整映射或成像。

2. 触觉感知的分类

图 6-2 给出了机器人触觉感知的广义分类。其中，基于要完成的功能或任务，机器人的触觉感知可以分为两类：第一种是“动作感知”，即抓握控制和灵活操作；第二种是“感知行为”，即物体识别、建模和探索。除了这两种

① 传感器检测某个物体的运动时，是通过物体和传感器产生的运动差来检测的，是相对于传感器本身来测量的。

功能类别之外，还有第三种类别（未在图 6-2 中显示），其同样是触觉，但同时涉及了动作和反应，换句话说，就是触觉信息的双向传递。

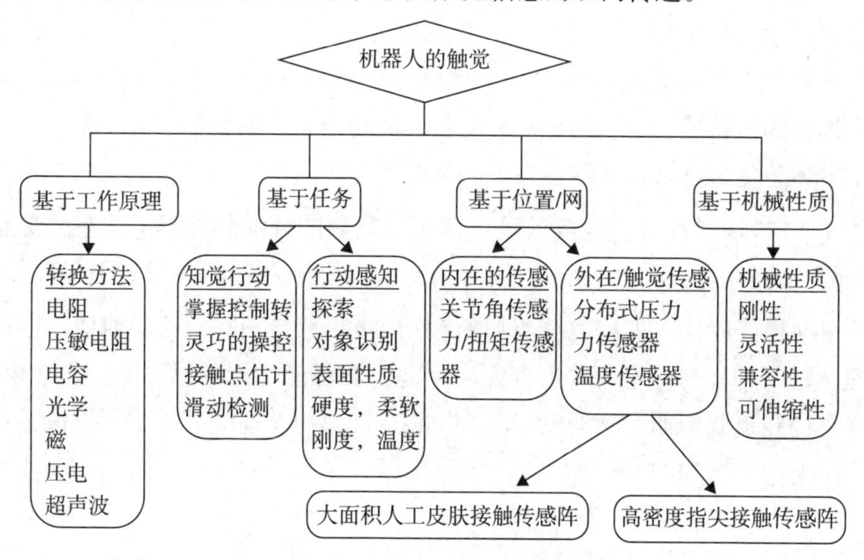

图 6-2　机器人学中触觉感知的分类

根据传感器所处的位置，可以将机器人的触觉感知分为外部感知和内部感知。内部传感器被放置在系统的机械结构中，通过力传感器获得类似于力大小的接触数据；外部触觉传感器 / 传感阵列安装在接触表面或附近，处理来自局部区域的数据。如前文讨论的人类皮肤感知一样，触摸传感器的空间分辨率在整个身体 / 结构中不一定是统一的。例如，人类的空间辨别能力在指尖位置是最好的，这是因为指尖的触摸感受器很多，感受区域很小。而在其他区域，如躯干由于受体较少，接受域较大，因此空间信息就不那么精确。根据这一论点，外部触觉感知可以进一步分为两部分，第一部分是高度敏感的部分（如指尖），第二部分是敏感度较差的部分（如手掌或大面积皮肤），前者需要高密度的触觉传感阵列或在小空间（约 1 mm 的空间分辨率）中大量的触觉传感器和快速的响应（几毫秒量级），而后者在这方面的限制相对来说较为宽松。

触觉传感器的设计有两个决定因素：一是应用的类型；二是所接触的对象的类型。例如，当触觉传感器接触软物（如大多数生物组织）时，与接触硬物有所不同，它会出现更复杂的情况，需要更复杂的设计。根据传感器的工作原理和传感器的物理性质，也可以将外感 / 触觉感和内感进行分类，如图 6-2 所示。根据工作原理，触觉传感器可以是电阻式、电容式、感应式、光学式、磁性式、压电式、超声波式和磁电式等。根据传感器的力学性质，传感器可分为柔性、柔顺、刚性和刚性等。传感器技术已经在第 2 章进行了详细的介绍，这里不再赘述。

此外，广义的触觉包括两种生理感觉。第一种是触觉感受器，位于真皮下，被称为机械感受器，用于检测皮肤表面的信息，如接触压力或振动；第二种是本体感觉，这种感受器存在于肌肉或肌腱中。

（1）机械性感受。人类的手包含一组复杂的特殊感受器，这些感受器足够坚固，能够承受反复的冲击，同时还能检测微弱的振动和柔软的触摸。

目前已经确定了四种主要类型的触觉机械感受器——压力、剪切、振动和纹理，每一种都与特定的现象有关 [49]。这些机械感受器的感觉元件非常相似，因为它们在皮肤中拥有物理包装以及位置，能够完全适应其用途。机械感受器在手掌上的分布如图 6-3 所示。

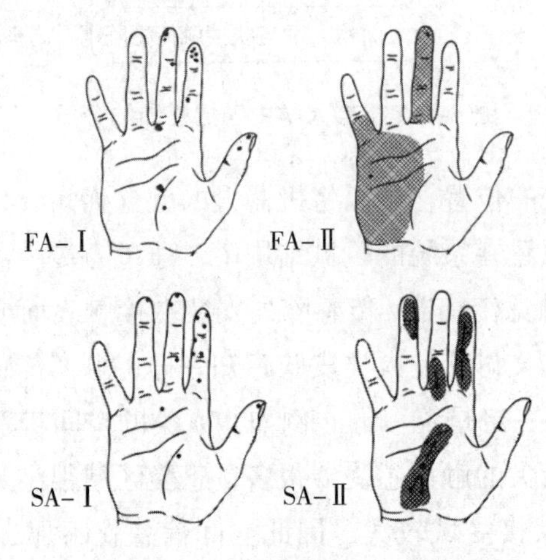

图 6-3　机械感受器的分布

其中，FA- Ⅰ 与 FA- Ⅱ 为快速适应机械感受器（fast adapting mechanoreceptors，FA），SA- Ⅰ 与 SA- Ⅱ 为缓慢适应机械感受器（slowly adapting mechanoreceptors，SA）。此外，机械感受器的类型根据其在皮肤表面下的位置又分为两类。Ⅰ型受体（梅克尔受体和麦纳斯受体）位于表皮和真皮层之间的乳头状突起的皮肤表面附近；Ⅱ型受体（鲁菲尼受体和环层小体）位于真皮层深层皮下。

位于皮肤深处的受体有更大的接受区域，相应地，在每单位面积的皮肤上

观察到的Ⅱ型受体较少。受体进一步可分为快适应（fast adapting，FA）型和慢适应（slowly adapting，SA）型。FA 型不会对静态刺激做出反应，而只对刺激变化时的皮肤压痕做出反应。SA 型表现为持续放电，同时维持稳定的压痕。这两种类型的传感元件类似于压电和压阻传感元件。但是，与提供模拟信号的人造压电和压阻式传感器不同，生物机械感受器将其信号编码为一系列脉冲，类似于数字串行通信，如图 6-4 所示。

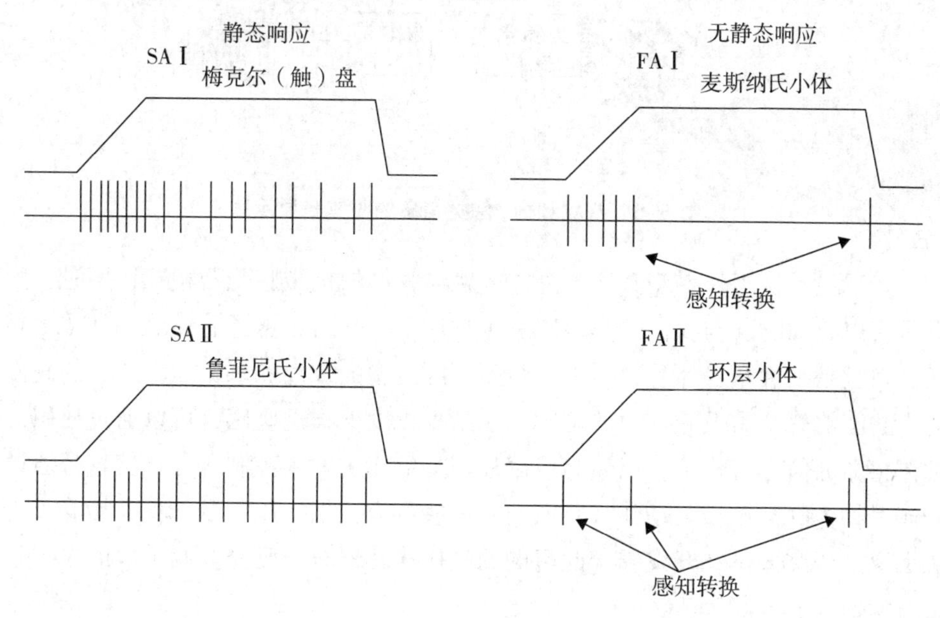

图 6-4　四种机械感受器对正常皮肤凹陷的反应

（2）本体感觉。本体感受是指对自身感觉的感知，本体感觉提供关节角度或肌肉收缩力等身体内部信息，主要通过运动感觉和前庭感觉的输入相结合来跟踪身体位置和运动的内部信息。动觉告知身体各部分相对于其他部分的位置，而前庭感觉通过感知重力和加速度来详细说明身体各部分的位置。

6.3　机器人力觉信息的获取及处理

虽然视觉感知的概念我们很熟悉，但收集触觉信息并将其转化为有用形式的应用程序和设备还没有被很好地理解或确定。视觉和力 / 触觉系统收集和显示信息的概念比较如图 6-5 所示。

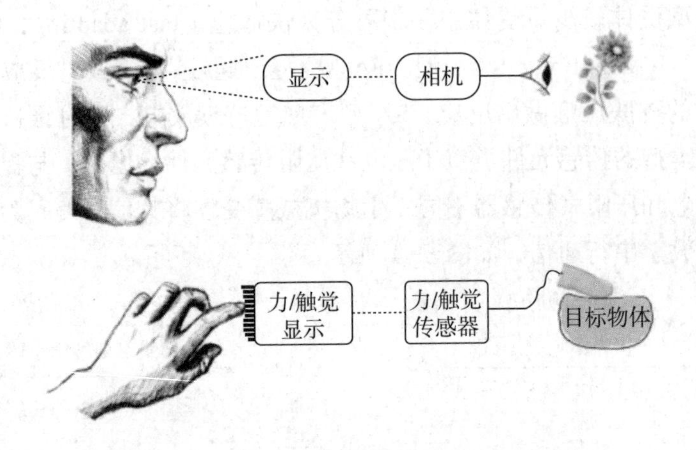

图 6–5　视觉和力 / 触觉信息的收集和显示

客观地看，当外界刺激通过身体接触与我们的机械感受器相互作用时，力觉是可以感知的。与我们的其他感官（只局限于眼睛、鼻子、嘴巴和耳朵）相反，力觉是一种全身体验，它由一系列不同类型的神经和感觉元素组成。我们的皮肤能够感知力及施加力的位置。在某种程度上，这些感官可以通过使用力觉传感器的信号来模拟，以便为应用程序提供比例输入控制。力觉信息是通过肢体对物体的某些行为动作来获取的，这些行为包括按压、推、拉、抬等。一般来说，研究人员在开发基于此目的的触摸传感器时，已经复制了人的肢体收集力觉信息的方式。

20 世纪，研究人员试图设计一种具有商业可行性的带有力觉传感器的机械手，但最终以失败告终。这种失败是由于这种系统的复杂性，其力觉传感器需要与物体进行物理交互，而音频或视觉系统则不需要。此外，在自动化汽车行业这样一个高度结构化的环境中，力觉传感往往不是最有效的选择。然而，对于任何被处理的物体都发生不规则变化的非结构化环境，或者如果工作环境有任何紊乱，力觉感知在通过力觉传感器收集力觉信息方面的作用是至关重要的。

力与力矩传感器的作用有两方面：一是检测其自身内部的力；二是检测与周围环境相互作用的力。由于力是不能够直接测量的物理量，因此力的测量需要以其他物理量为媒介间接测量。力与力矩的检测方法主要有以下几种：

（1）通过检测物体弹性形变测量力，如采用应变片、弹簧形变测量力。

（2）通过检测物体压电效应检测力。

（3）通过检测物体压磁效应检测力。

（4）采用电动机、液压马达驱动的设备，可以通过检测电动机电流及液压马达油压等方法测量力或转矩。

（5）装有速度、加速度传感器的设备，可以通过对速度与加速度的测量推出作用力。

图 6-6 为机器人手腕用力矩传感器的原理。驱动轴 B 通过装有应变片 A 的腕部与手部 C 连接。当驱动轴回转并带动手部拧紧螺钉 D 时，手部所受力矩的大小通过应变片电压的输出测得。

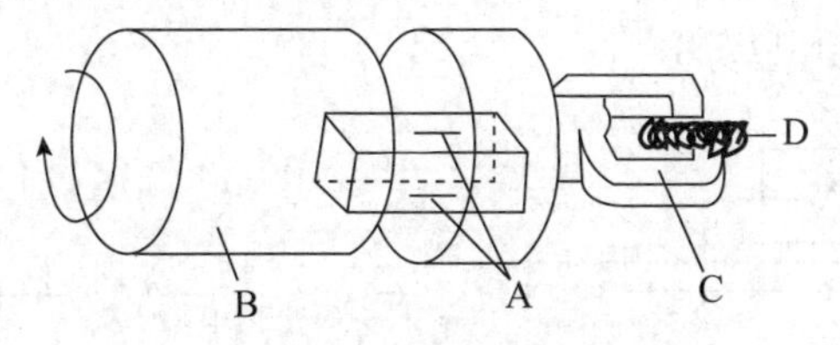

图 6-6　机器人手腕用力矩传感器原理

图 6-7 为无触点检测力矩的方法。传动轴的两端安装上磁分度圆盘 A，分别用磁头 B 检测两圆盘之间的转角差，用转角差和负载 M 之间的比例，可测量出负载力矩的大小。

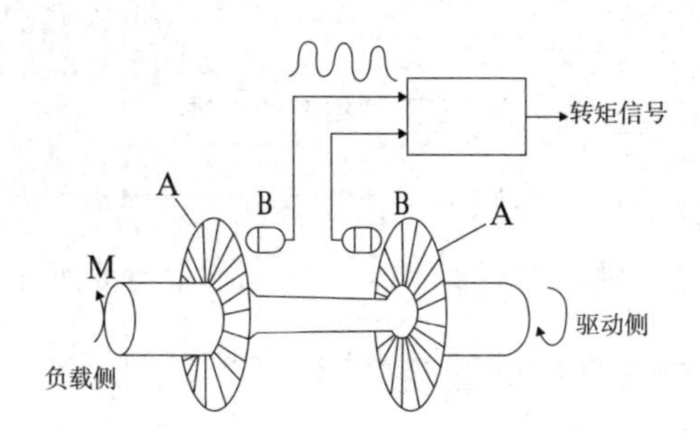

图 6-7　无触点力矩检测原理

电阻应变片作为力觉传感器中最重要的一员，它被安装在力施加的方向上，采用金属丝拉伸时电阻值变大的原理，电阻应变片可以由导线接到外部电路上来测定输出电压，进而获取电阻值的变化[50]。

如图 6-8（a）所示，在不加力的状态下，电桥上的四个电阻是同样的电阻值 R。假若应变片被拉伸，电阻应变片的电阻增加 ΔR。电路上各部分的电流和电压如图 6-8（b）所示，它们之间存在下面的关系：

$$V=(2R+\Delta R)I_1=2RI_2, V_1=(R+\Delta R)I_1, V_2=RI_2 \qquad (6-1)$$

由此可以得到

$$\Delta V = V_1 - V_2 \approx \frac{\Delta RV}{4R} \tag{6-2}$$

因此，电阻的变化值为

$$\Delta R = \frac{4R\Delta V}{V} \tag{6-3}$$

若力与电阻值之间的变化量已知，则可以直接计算出力矩。

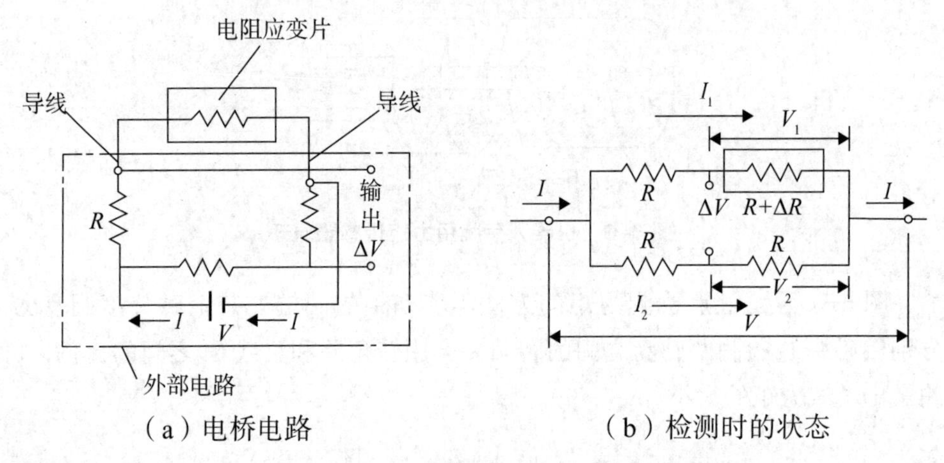

图 6-8　应变片组成的电桥

上述介绍的电阻应变片在坐标系中来说是测量的某一个轴上的力，如果想要测量其他方向上的力，则需要在 x、y、z 三个轴上分别加上电阻应变片。

6.4　机器人触觉信息的获取及处理

6.4.1　轮廓特征的识别

机器人通过接触物体本身获得触觉信息，其触觉传感器置于机器人的手上，它只能多握几次物体，并不能全面地接触到物体的全部，所以获取的信息不完整，只是局部信息；而视觉传感器因为使用了半导体，所以可以得到详细的信息。虽然触觉传感器没有得到像视觉传感器那么详细的信息，但是它不会被照明所影响，具有能够获得视野以外物体信息的优点。

1. 触觉图像的几何学性质

设触觉传感器的敏感元位于阵列（x，y）的位置，加在敏感元上的力或变

位量定义为 $T(x, y)$ $(x=1,2,\cdots,m, y=1,2,\cdots,n)$，即设触觉传感器由 $m\times n$ 个敏感单元排列成阵，m 和 n 分别是 X 方向与 Y 方向上的敏感单元，可以得到式（6−4）：

$$m_{00}=\sum_{x\in M}\sum_{y\in N}T(x,y)(x\in M=\{1,2,\cdots,m\}, y\in N=\{1,2,\cdots,n\}) \qquad (6-4)$$

其中，m_{00} 称为 0 次矩，它表示 $T(x, y)$ 的总和，在二值触觉图像的情况，它表示与触觉传感器接触的物体的表面积。

$T(x, y)$ 的一次矩可以由式（6−5）和式（6−6）表示：

$$m_{10}=\sum_{x\in M}\sum_{y\in N}xT(x,y)=\sum_{x\in M}x\sum_{y\in N}T(x,y) \qquad (6-5)$$

$$m_{01}=\sum_{x\in M}\sum_{y\in N}yT(x,y)=\sum_{y\in N}y\sum_{x\in M}T(x,y) \qquad (6-6)$$

由此可以求出触觉图像的重心：

$$x_{g}=\frac{m_{10}}{m_{00}} \qquad y_{g}=\frac{m_{01}}{m_{00}} \qquad (6-7)$$

则二次矩表示为

$$m_{20}=\sum_{x\in M}\sum_{y\in N}x^{2}T(x,y)=\sum_{x\in M}x^{2}\sum_{y\in N}T(x,y) \qquad (6-8)$$

$$m_{02}=\sum_{x\in M}\sum_{y\in N}y^{2}T(x,y)=\sum_{y\in N}y^{2}\sum_{x\in M}T(x,y) \qquad (6-9)$$

$$m_{11}=\sum_{x\in M}\sum_{y\in N}xyT(x,y) \qquad (6-10)$$

其中，m_{20} 是绕 Y 轴的惯性矩；m_{02} 是绕 X 轴的惯性矩。

如图 6−9 所示，设 x 轴、y 轴绕原点旋转 θ 角后的坐标轴为 u 轴、v 轴。

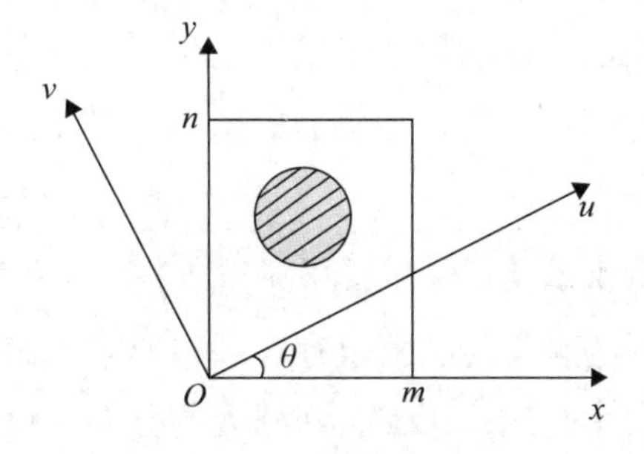

图 6−9　触觉图像坐标系

式（6-11）为其坐标变换：

$$\begin{aligned} u &= x\cos\theta + y\sin\theta \\ v &= y\sin\theta - x\cos\theta \end{aligned} \quad (6\text{-}11)$$

经过式（6-11）的坐标变换可以求出 u 轴与 v 轴的惯性矩 m_{uv}：

$$\begin{aligned} m_{uv} &= m_{02}\sin\theta\cos\theta + m_{11}(\cos^2\theta - \sin^2\theta) - m_{20}\sin\theta\cos\theta \\ &= \frac{m_{02}-m_{20}}{2} + m_{11}(\cos^2\theta - \sin^2\theta) \end{aligned} \quad (6\text{-}12)$$

因此，若求出 $m_{uv}=0$ 时的 $\theta=\theta_0$，则可求出惯性主轴的倾角，即

$$\theta_0 = \frac{1}{2}\arctan\frac{-2m_{11}}{m_{02}-m_{20}} \quad (6\text{-}13)$$

在触觉图像中，求出图像的重心和移动坐标后图像的主轴方向，就有机会识别抓取目标物体时的姿态。

2. 物体断面形状的识别

两根对置并有指关节的手机或者有三根手指的人工手指，接触状态是通过设置在手指上的传感器来获取的。获取的方法有三种：

（1）通过设置在手指表面的开关型触觉传感器来获取接触图像。但是这种方法对被识别的物体有限制，它是先获取各种物体的接触图像，然后根据接触图像来识别物体。

（2）接触图像和手指各关节角度信息结合。

（3）截取局部接触的特点和各关节的角度信息结合。

6.4.2 空间信息识别

用触觉传感器对物体进行三维形状识别有两种情况：一是目标物体与对其进行识别的接触传感器产生接触（或压力）进而生成三维接触图像，然后对图像进行识别，以此来确定目标物体的形状；二是根据配备触觉传感器的机械手指或者其他机械结构的运动，通过传感器所感知的触觉图像和它的位置状态等来识别物体形状[51]。

1. 触觉传感器的三维触觉图像的获取和识别

对于机器人手指用的触觉传感器也存在一些要求：第一，触觉传感器安装在机器人手指上应该大小合适；第二，敏感元的分布应该和手指的触觉感受器的分布相似；第三，要求敏感元的表面可以得到法线方向和切线方向等信息；

第四，要求可靠性强，不能受到一些因素影响而导致故障和损坏。

（1）手指内嵌入触觉传感器来识别物体形状。安装于机器人手指的触觉传感器已经可以用于识别物体形状，图 6–10 为装在手指内部的光电触觉传感器。它中心部分的敏感元件配置比较密，其他部分的敏感元件配置就较为稀疏。

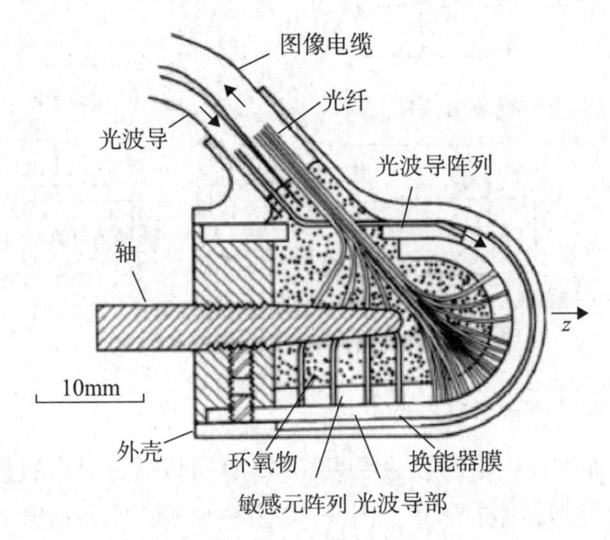

图 6–10　装在手指内部的触觉传感器

（2）面式触觉传感器识别物体。面式触觉传感器的大小可以随意地设计，如果要使敏感元件配置较密，就可以增加敏感元件的数量，但随之就会产生诸如布线问题、敏感元件输出的获取方法等问题[54]。下面主要介绍光学式和利用导电橡胶的面式触觉传感器。

如图 6–11 所示，在圆锥状凹凸的白色硅橡胶片下面放置丙烯板，光照射到丙烯板的侧面，如果给硅橡胶片加力，那么在硅橡胶片和丙烯面的连接面上就会产生光散射。施加压力和连接面是成正比的，所以如果想要查出施加压力或者位移量，可以通过散射光量得到。

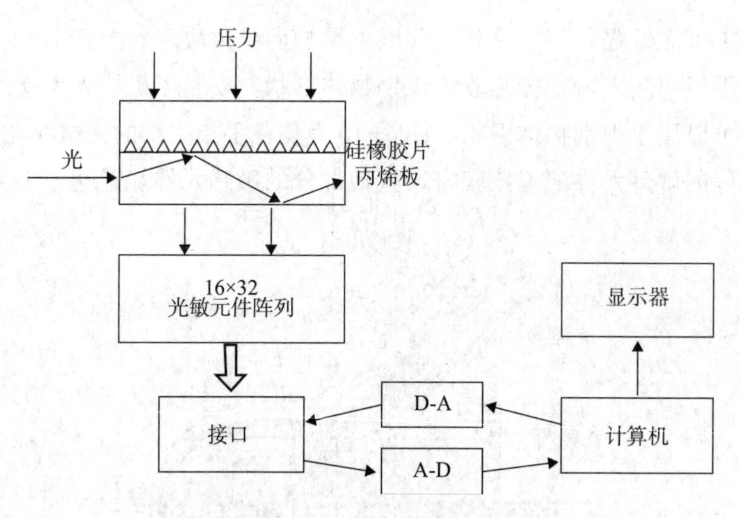

图 6-11　分布式触觉传感器示意图

2. 触觉传感器对物体的识别探索

如果物体的面积比手指的触觉传感器大，就可以通过手指的移动来确定物体的表面，进而识别物体的形状。图 6-12 为一种触觉传感器识别物体形状的示例，其通过装在手指的触觉传感器来确定物体并识别。触觉传感器是在手指表面内侧使用带有阵列状电极的 PVF2 压电薄膜来构成 5 × 7 的敏感元件列阵，其直径为 2.5 mm，间隔为 5 mm。如图 6-12（a）所示是手指在物体表面上通过移动进行扫描式搜索；图 6-12（b）表示的是搜索之后的结果；6-12（c）所示是对弯曲管表面进行相同搜索后的结果。

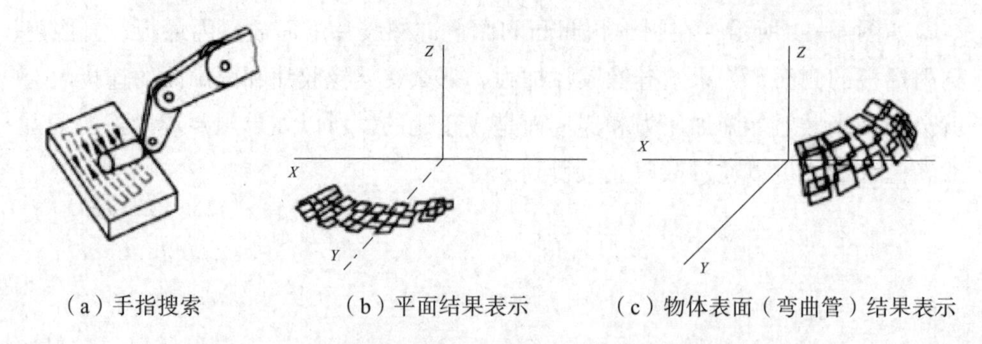

（a）手指搜索　（b）平面结果表示　（c）物体表面（弯曲管）结果表示

图 6-12　触觉传感器对物体进行形状识别示例

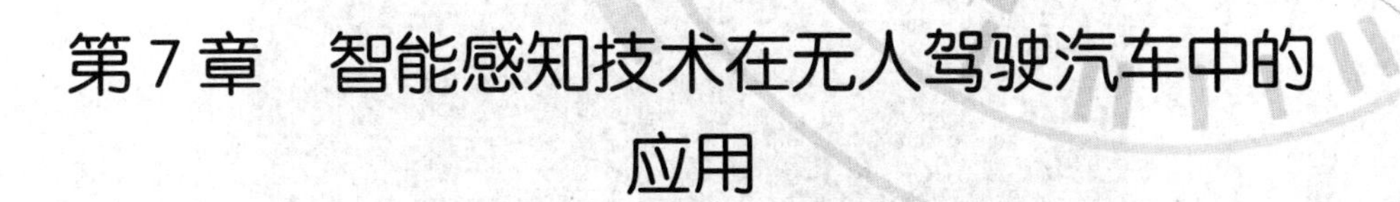

第 7 章　智能感知技术在无人驾驶汽车中的应用

21 世纪以来，随着微电子技术、智能传感器技术、先进的智能控制技术和其他信息技术的发展，智能系统得到了广泛的应用，特别是随着最近在深度学习、神经网络等人工智能领域的突破，取得了令人难以置信的进展。值得注意的是，智能技术的发展与当前低成本、高速的数据计算和存储能力密切相关。例如，网络通信技术在军事、工业、医疗等相关领域的应用已经证明了其卓越的性能，从而引起了对智能无人系统的关注。可以预见，智能无人系统将在不久的将来成为科技的制高点，成为一个国家科技国际地位的标志。

7.1　无人系统的发展

自 1917 年第一架无人机诞生以来，无人系统技术的发展经历了一百多年的历史，可分为探索阶段、发展阶段和蓬勃发展阶段。

7.1.1　探索阶段（1917—1956 年）

在 1935 年之前，人类发明的飞行器无法自动返回到起始位置，直到“蜂王”的发明，无人机才能够自主返回起飞点。1944 年，“复仇者 I”可以携带重达 907 kg 的导弹。1950 年，苏联便能够使用小型遥控无人水面舰艇对敌舰发动自杀式袭击。

1925 年 8 月，人类历史上第一辆得到认可的无人驾驶汽车正式问世。美国的电子工程师弗朗西斯 · 胡迪纳坐在一辆用无线电控制的汽车里，由后面的车发射基波来控制前车的方向盘、离合器制动器等车辆部件。1956 年，通用汽车正式推出了“火鸟 II”概念车（图 7-1），这是世界上第一辆配备了汽车安全系统和自动导航系统的概念车。

图 7-1 “火鸟 Ⅱ”概念车

7.1.2 发展阶段（1956—2005 年）

1986 年 12 月，先锋系列无人机首次飞行，目前仍在服役中，其以火箭动力起飞，重达 188 kg，时速 175 km。除此之外，先锋系列无人机还可以漂浮在水面上，也可以降落在水面上回收。20 世纪 60 年代，中国生产的 WZ-5 长虹无人机成为中国无人机技术发展的起点。2002 年，中国航空集团研发了 WZ-2000“千里眼”隐形无人侦察机。2004 年，RO-7B 幻影是无人机家族中最小的，且该无人机能够定位和识别距离战术指挥中心 125 km 以内的目标。

进入 21 世纪，随着通信、人工智能等相关技术的发展，曾经制约无人系统发展的部分技术瓶颈得到了解决[①]。在这之后，许多国家都加大了对无人系统的研究和开发，无人系统也因此进入了一段高速发展的时期。移动式机器人 Shakey 是首个涉及人工智能学的机器人，其由美国斯坦福大学研究所的 SRI 人工智能研究中心开发，于 1966 年率先实现自主导航。1977 年，日本筑波工程研究实验室开发了第一个基于相机的巡航系统。20 世纪七八十年代，德国慕尼黑联邦国防军大学（Bundeswehr University）的航空航天教授埃姆斯特·迪克曼斯（Emst Dickmans）率先开展了一系列关于“动态视觉计算”的研究项目，并成功开发出了几辆自动驾驶汽车的原型。中国国防科技大学自动化研究所自 20 世纪 80 年代以来，一直在研究自动驾驶系统的关键技术，先后

① 邸慧军，龚建伟，熊光明．无人驾驶车辆目标检测与运动跟踪 [M]. 北京：北京理工大学出版社，2021:3,4.

推出 CITAVT 系列无人驾驶汽车，它能够在结构化道路上实现自动驾驶。

7.1.3　蓬勃发展的阶段（2005 年至今）

自 2005 年以来，一些无人机已经能够装备武器并执行更多的军事任务，如目标轰炸、地面攻击及空战等。虽然人类将注意力主要集中在研发军用无人机上，但民用无人机的发展也并没有停止。2014 年，亚马逊推出了送货无人机 Prime Air。Prime Air 可以在半径约 20 km 的范围内送货。2016 年 12 月，亚马逊完成了首个商用无人机交付。2017 年 5 月，亚马逊在巴黎郊区投资了一个新的研发中心，计划提供 30min 左右的无人机送货服务，该中心的目标是开发最安全、最先进的无人交通管理软件。

在现阶段，无人艇在军用和民用领域已经发展到非常先进的水平，并且无人船的技术目前正朝着商业化和规模化发展。开发无人驾驶货船的可能性也越来越大，这是因为无人驾驶货船可以以更大的规模进行长途航行，满足更高的复杂性和安全性要求。2016 年 5 月，中国科学院大气物理研究所研发团队成功研制出一艘半潜式海洋气象探测无人艇，其能够实时采集海水温度、湿度、气压、风速风向和海面温度等数据。2018 年，中国一家公司在南海进行了一次无人艇测试，共涉及 56 艘无人艇，测试完全由该船自主控制和操作，无需任何人工干预，因此在不受传输的限制下，可以使无人艇在更远的水域执行任务，从而极大地提高了工作效率。在这样的发展趋势下，此类无人艇可以进行大规模生产。除此之外，无人艇还可以安装大量的武器用于军事战场。2018 年 7 月，第六届军民融合技术装备博览会展出“80 节海上作战平台”，这艘无人作战快艇可以达到 70 节以上的速度并执行海洋资源调查、巡逻、搜索、救援以及监视等任务。

与无人机和无人艇相比，无人驾驶汽车的发展更加迅猛。2009 年，在 DARPA（defense advanced research projects agency，美国国防部高级研究计划局）的支持下，谷歌开始了自己的无人驾驶汽车项目的研发（图 7-2（a））。许多于 2005 年到 2007 年间在 DARPA 工作过的工程师加入了谷歌的团队，他们在研究中使用了视频系统、雷达和激光自动导航技术。2014 年，法国公司 Induct 研发了 Navia 无人驾驶车。与其他车不同的是，该车靠装载的激光系统探测路上是否有障碍物，而不是靠全球卫星定位系统（GPS）。2015 年，谷歌推出了自主设计的无人驾驶汽车并在公共道路上进行了测试。2015 年，EasyMile 研发的无人驾驶巴士 EZ10 在法国投入使用（图 7-2（b）），该车采用了 GPS、相机及雷达传感器等其他传感设备来探测自身位置和外部环境中的障碍物。除此之外，想要乘坐的人还可以在手机应用程序上实时地看到无人驾驶巴士的具体位置并发出请求呼叫。

2015 年，百度无人驾驶车在北京完成了路测，这辆无人驾驶车完成了多次跟车减速、变道、超车、上下匝道、调头动作，以及驶入和驶出高速，最高时速达到了 100 km（图 7-2（c））。2016 年 4 月，长安汽车成功完成了 2 000 km 的无人驾驶超级测试。同年，福特组织了首次无人驾驶汽车路演。在 2017 年，密歇根大学启动了 MCity 项目，该项目建造了世界上最大的无人驾驶汽车测试站点。与此同时，百度正式宣布与博世合作开发高分辨率导航地图，为自动驾驶汽车提供更精确的实时定位系统，并展示了博世和百度在一辆试验车上开发的高速公路辅助功能增强版的合作成果。2017 年 3 月，特斯拉推出了 Autopilot 8.1 系统，这也大大提高了自动驾驶汽车的标准，据统计，特斯拉在自动驾驶模式下已经行驶了 20.22 亿英里（1 英里 ≈1.61 km）。2017 年 8 月，自动驾驶技术公司 Torc Robotics 宣布与全球最大的车规级芯片供应商恩智浦达成合作，双方合作推动自动驾驶技术的商业化。2017 年 9 月，高通发布了一款新的 C-V2X 芯片组和参考设计，允许汽车制造商更好地部署全自动驾驶汽车所需的通信系统。2018 年，百度计划与厦门金龙合作，率先实现无人驾驶小巴的小规模量产和试运行。2018 年 1 月，丰田在拉斯维加斯国际消费电子展（international consumer electronics show，ICES）上推出了 e-Palette 概念车，这是一款商业化的全电动汽车，专门为在线汽车和送货服务类公司而设计。

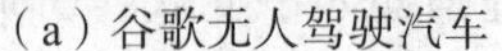
（a）谷歌无人驾驶汽车

（b）无人驾驶巴士 EZ10

（c）百度无人驾驶汽车

图 7-2　无人驾驶汽车

7.2　无人驾驶汽车中的关键技术

7.2.1　传感器技术

人类和其他高级动物都有丰富的感觉器官，可以通过视觉、听觉、味觉、触觉及嗅觉等人体的各种感官感知外界刺激，获取外界环境信息。同理，自主无人系统可以通过各种传感器获取周围环境信息，传感器对于机器人来说具有重要的作用。这些传感器所获得的信息的理解在本质上取决于系统的自主程度和学习能力的水平①。可以说，传感器技术从根本上决定并制约着智能无人系统环境感知能力的发展，在当前阶段，其包括用于距离测量的毫米波雷达，用于成像的激光雷达、红外传感器、视觉传感器，以及用于感知外部环境的信息全球定位系统（图 7-3）。

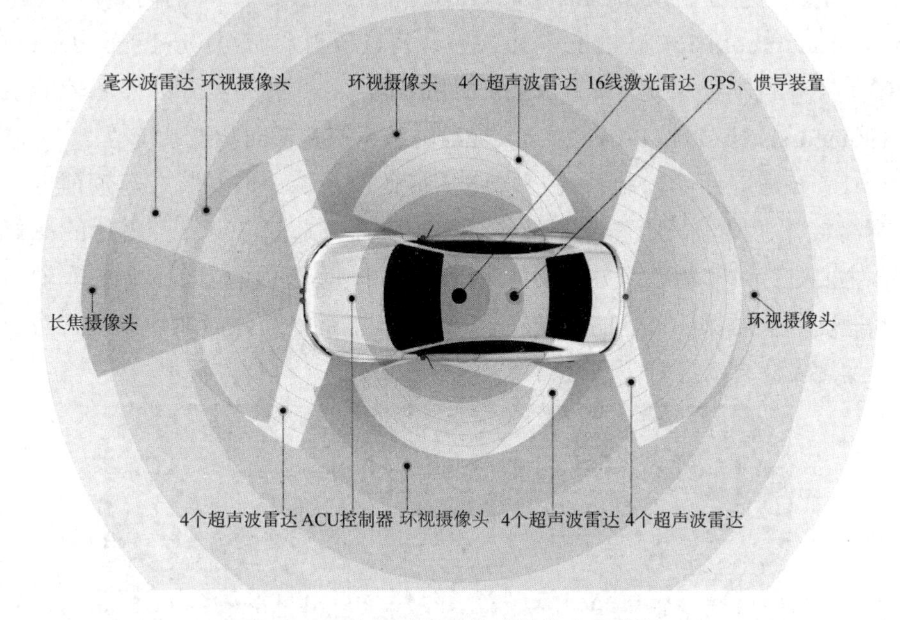

图 7-3　无人驾驶汽车传感器分布示意图

1. 毫米波雷达在无人驾驶汽车中的应用

毫米波雷达（工作波长约 8 mm）以其高分辨率、高精度、天线孔径小等优点，最早应用于机场交通管制和海上导航，但是，由于技术上的困难，毫米

① 宋传增．智能网联汽车技术概论 [M]．北京：机械工业出版社，2020:25-36.

波雷达的发展受到限制。例如，随着工作频率的增加，功率源的输出和效率降低，导致接收机混频器和传输线的损耗增加。然而，随着硬件设备的进步和算法的改进，毫米波雷达在无人系统中的应用越来越广泛。毫米波雷达适用于频域范围在 30 ～ 300 GHz 的环境，具有不受雾、烟、尘等天气条件（暴雨除外）影响的能力，此外，它可以根据障碍物来获得精确的距离和速度测量。尽管毫米波在传输过程中会有能量损失，但它仍然可以满足前车检测的要求。同时，与其他传感器相比，毫米波雷达具有体积小的优点，并已广泛应用于地面无人机动平台。它不仅提供了距离测量的应用，还提供了主动成像和被动成像等成像应用。

毫米波汽车雷达传感器可以分布在车身周围，如车辆的前后、车辆的两侧和车辆的四个角。不同安装部位的毫米波雷达具有不同的功能，主要分为三大类：自适应巡航控制系统（adaptive cruise control, ACC）、前后防撞系统（front and rear anti-collision system, F/RCW）、盲点检测系统（ blind spot detection, BSD）及并行辅助系统。根据安装部件的不同，可进一步分为停车辅助系统（parking assist system, PAS）、交叉交通辅助系统和横向防撞系统等。

（1）自适应巡航控制系统[52]。自适应巡航系统一般安装在车辆前方，工作距离较长，属于长距离毫米波雷达，探测距离超过 300 m。雷达的视野较窄，主要是针对车辆正前方的物体（一般指同一车道内的前车）调整车辆的距离和速度，从而保证车辆的行驶安全。必要时，系统可进行紧急制动，防止碰撞，实现安全自动巡航（图 7-4）。

图 7-4　自适应巡航控制系统

（2）前后防撞系统。防撞系统一般工作距离在 100 m 以内，属于中程毫

米波雷达。该系统对定位和监控的检测精度要求极高。此外，系统还对物体分辨率和数据更新速率提出了严格的要求，以确保系统能够快速准确地获取车身周围的物体信息，为驾驶员提供更准确、高效的决策信息，最大限度地减少发生碰撞的机会。因此，在今天的环境下，前后防撞系统是确保无人驾驶汽车安全行驶的关键因素。如图 7-5 所示，防撞雷达一般安装在车身前后和车身两侧，以确保车辆和车内乘客的安全。

图 7-5　防撞系统

（3）盲点检测系统及并行辅助系统。盲点检测系统及并行辅助系统一般安装在车体四角的盲点区域，属于近程毫米波车载雷达。并行辅助系统的工作距离一般在 30 m 左右，而盲点检测系统的工作距离会更短。除了工作距离不同外，两种系统的安装位置和功能基本相同，都是为了在盲区向驾驶员提供信息，方便安全驾驶（图 7-6）。

图 7-6　盲点检测系统

2. 激光雷达在无人驾驶汽车中的应用

激光雷达起源于立体摄影测量技术。随着科学技术的发展和计算机的广泛应用，数字立体摄影测量技术逐渐发展成熟，相应的软件和数字立体摄影测量工作站也开始普及。随着时间的推移，机器人导航的应用越来越多，这主要是由于基于激光的距离测量技术具有许多优点。例如，通过二维或三维方式扫描激光束进行距离测量的精度高，激光雷达使用相对较高的频率来提供大量准确的距离信息。与其他距离传感器相比，激光雷达能够同时满足精度和速度的要求，是一种特殊的适用于移动机器人的雷达技术。此外，激光雷达不仅可以在环境光下工作，还可以在黑暗中工作，事实上，它在黑暗中的测量效果会更好。

激光雷达在无人驾驶汽车中扮演着“眼睛”的角色，通过扫描点云数据，可以快速绘制出 3D 全景图。当激光雷达发现障碍物时，它将控制车辆减速或停止，并重新指定一条安全的前进路线。常用的激光雷达扫描范围最大可达 200 m，扫描频率可达 15 Hz，角度分辨率 0.5°，测量分辨率在 0.1% 以内，精度在厘米以内。激光雷达按激光束（线）可分为 1 线、4 线、8 线、16 线、32 线或 64 线，激光线越多，垂直方向的角分辨率越高，激光点云密度越高。高机动性的智能车辆测量距离长，线路数多（8 线、16 线或以上），因此，激光雷达应用于自动驾驶汽车的主要技术发展之一是增加扫描线的数量，以确保足够的探测范围，同时希望通过压缩尺寸来减轻重量。

激光雷达在无人驾驶操作中有两个核心角色：识别周围环境和同步定位与建图。

（1）识别周围环境。通过激光扫描可以得到汽车周围环境的三维模型，通过相关算法可以很容易地检测到周围的车辆和行人，比较前一帧和后一帧环境的变化。自动驾驶汽车的车顶安装了 4 个可旋转的激光雷达传感器（图 7–7），不断向周围发射微弱的激光束，实时实现汽车周围的 360° 3D 街景。同时，结合 360° 摄像头，可以帮助汽车观察周围环境。接着，系统将进一步分析收集到的数据，来区分一致的固体物体（车道分隔线、出口坡道及公园长椅等）和移动的物体（行人、迎面驶来的车辆等）。最后将所有数据进行汇总，并采用相应的算法来区分周围环境，得到相应的响应。

图 7–7　激光雷达安装位置

（2）同步定位与建图（simultaneous location and mapping, SLAM）。激光雷达的另一个主要特点是同步定位和建图。通过实时全球地图与高精度地图的特征对比来实现导航，以此提高车辆定位的精度。

将激光雷达与相机相结合，可以获得高分辨率的地图。利用数据采集车采集高阶高精度地图数据时，车顶需安装两台激光雷达和 4 台摄像机（前置两台，后置两台），以获取所需精度为 10 cm 的数据。该方法实现了道路标志、道路障碍物及车道标识等道路设施的三维建模。这种类型的数据只用作基础类型的自动驾驶，随着道路信息的不断更新和自动驾驶场景的增加，其对实时性的需求也随之增加。

3. 红外传感器在无人驾驶汽车中的应用

红外传感器已有 40 多年的历史，根据其特点可分为四代：第一代使用单个或多个光学组件进行扫描成像；第二代使用 4 × 288 扫描焦平面进行成像；第三代使用了一种新型的传感器用于凝视焦平面成像；第四代传感器的特点是多波段。智能灵活的系统和芯片组可以产生大面积阵列的高分辨率识别和高性能的数字信号处理，具有单片机多波段融合检测和识别能力。红外传感是一种非接触式无源测量传感器，其红外光最大的特点是光热效应和辐射能，构成光谱中最大的光热效应区域。红外光是一种不可见的光，像所有的电磁波一样，它有反射、折射、散射、干涉及吸收等特性。红外传感器的夜视技术、热成像技术和探测 400 m 范围的能力使其成为无人系统中不可或缺的传感器。

（1）行人探测系统。利用红外立体视觉技术可以实现行人检测，其第一阶段是使用两个不同的阈值对输入图像的高强度值区域进行聚焦。如果像素以区域递增的方式与其他被选择的像素相邻，则选择灰度高于下阈值的像素。为了选择包含热点区域的垂直条纹，需要对结果图像进行逐列直方图计算，设置自适应阈值是整个直方图平均值的一部分。直方图使用自适应阈值进行滤波，如果在一幅图像中有多个热物体垂直排列，它们的贡献将在直方图中求和。同时，通过计算每个条带的灰度生成新的方向直方图，可以对其进行分类，确定热成像区域后，生成一个矩形包围框，标记行人可能所在的区域，通过细化这些边界框，可以准确地检测行人。

（2）目标跟踪。计算机立体视觉包括能够从一组二维图像中获取、估计和提取空间场景的距离信息系统。利用长波红外传感器，系统可进一步升级为能见度较低的系统，红外传感器采集的数据流被转换成串行 USB（nniversal serial bus），之后由模拟信号流处理。

将传感器平行放置，安装在支架上，并连接到机器人平台上。如果在一个场景中放置两个传感器（相机），可以采用图像立体匹配中常用的初级块匹配算法，其基本运算思想是求取相对应的左右两个像素块内像素值之差的绝对值之和。首先采集到目标物体在同一时刻左右相机拍摄得到的左右图像，然后根据目标图像的像素强度进行 SAD（sum of absolute differences）计算。其具体流程如下。

①构造一个小窗口，类似于卷积核。

②用窗口覆盖左边的图像，选择出窗口覆盖区域内的所有像素点。

③同样用窗口覆盖右边的图像并选择出覆盖区域的像素点。

④左边覆盖区域减去右边覆盖区域，并求出所有像素点灰度差的绝对值之和。

⑤移动右边图像的窗口，重复③～④的处理（这里有个搜索范围，超过这个范围跳出）。

⑥找到这个范围内 SAD 值最小的窗口，即找到了左图锚点的最佳匹配的像素块。

4. 超声波传感器在无人驾驶汽车中的应用

超声波传感器在短距离低速测量方面具有较大的优势，因此超声波传感器可以帮助低速停车的车辆检测周围的物体。超声波停车辅助又称停车辅助系统、停车引导系统、倒车辅助，能够简单地检测周围的物体，然后通过发出声音来提醒司机自动停车，几乎不需要人工干预。通常，这些系统有 4 ～ 16 个传感器，巧妙地安装在车身周围，以提供所需的检查覆盖范围。

常见的超声波雷达有两种。第一种是安装在汽车前后保险杠上的雷达，即用于测量汽车前后障碍物的倒车雷达，这种雷达在业内被称为 UPA（ultrasonic parking assistance）。第二种是指安装在汽车两侧用来测量侧面障碍物距离的雷达，在业内也被称为 APA（automatic parking assistance）。UPA 超声波雷达的探测距离一般在 15 ～ 250 cm 之间，主要用于测量汽车前后的障碍物，APA 超声雷达的探测范围一般在 30 ～ 500 cm 之间。由于 APA 的探测范围更远，所以它比 UPA 更昂贵、更强大。APA 在探测范围上的优势使得其不仅可以方便地检测车辆左右两侧的障碍物，还可以根据超声雷达返回的信号接收到的数据来判断停车场是否可用。

为了满足自动驾驶车辆的要求，超声波泊车辅助模块的一个常见需求是使其能够探测 30 cm 到 5 m 的物体，因此近距离和远距离的物体检测标准都变得更加严格。

目前，汽车制造商已经生产出支持使用汽车钥匙远程控制汽车自动停车的车辆模型。在操作过程中，用户只需要指示前进和后退两个命令，汽车就会继续使用超声波传感器检测停车位和障碍物。根据这些信息，汽车将自动转向车轮或刹车，实现自动停车功能，目前使用的第三代超声半自动泊车系统的汽车厂商通常使用 6 ～ 12 个超声雷达的泊车辅助系统。汽车后部的 4 个近程超声波雷达负责检测倒车车辆与障碍物之间的距离，而远程超声波雷达负责检测车位。正因为它是无人驾驶汽车中成本最低的传感器，所以工程师们一直在挖掘超声波雷达的潜力。

5. 视觉传感器在无人驾驶汽车中的应用

视觉传感器出现于 20 世纪 50 年代，此后的发展非常迅速。20 世纪 70 年代以后，其他系统提供了更多的实际应用，如集成电路的制造，电子产品的精密装配，饮料罐、包装盒的质量检验、定位等开始出现。视觉传感器分为单目传感器、双目（多目）传感器及 RGB-D 等。单传感器结构简单、成本低廉，可以在室内和室外使用，然而其只能估算出相对深度，不能确定绝对深度。双目传感器可以在运动和静止状态下进行深度估计，但其配置和标定较为复杂，深度范围也受到双重用途基线和分辨率的限制。RGB-D 是一种可以生成彩色地图和测量深度的相机，一般来说，物体和相机之间的距离是直接用光速来测量，RGB-D 的测量速度快、视野小、分辨率很低，主要用于室内。视觉传感器是当前移动机器人环境传感技术中必不可少的传感器，机器视觉技术的快速发展也得益于近年来图像处理技术和识别算法的发展，使得其可以通过相机获取周围环境的图像，从而使三维感知模型成为可能。同时，视觉传感器由于其准确性、易用性、丰富的功能和合理的成本而被选择用于无人系统①。

视觉传感器基于机器视觉获取车辆周围环境的图像信息，它通过图像处理来感知周围环境，可以直接获取颜色信息。其摄像头具有安装方便、体积小、能耗低的优点，缺点是易受干涉光的影响，测量三维信息的精度较低。激光传感是利用雷达对车辆周围环境进行扫描，产生二维或三维的距离信息，通过对距离信息的分析，可以对道路交通状况进行检测[55]。它可以直接获取物体的三维距离信息，测量精度高，对光照对比度变化不敏感，但其无法获取环境的颜色信息，又由于雷达体积较大，造价昂贵，因此不便于车载集成。此外，激光雷达的测量精度容易受到恶劣天气如雨雪的影响。然而，毫米波雷达具有体积小、重量轻、空间分辨率高的特点，与红外传感器、激光、电视等光学透镜相比，毫米波雷达在任何时候都具有较强的穿透雾、烟、尘等恶劣天气条件（大雨除外）的能力。但是，毫米波雷达由于波长的原因，其探测范围非常有限，且覆盖区域呈扇形，存在盲区。红外系统包括红外成像，可以在任何天气条件下，在一天中的任何时间工作，行人也可以在夜间或强光条件下被检测到。尽管如此，毫米波雷达、激光雷达和红外传感器都无法识别交通标志，因此基于机器学习的视觉传感器应运而生。

在自动驾驶领域，视觉传感器在感知环境方面发挥着重要作用。在已应用的驾驶辅助系统中，许多系统如 LKA（lane keeping assist，车道保持辅助）、LDW（lane departure warning system，车道偏离预警系统）及 FCW（forward collision warning，碰撞预警系统）等都利用了摄像机等视觉传感器。②

车道保持辅助系统是无人驾驶的重要组成部分，其通常被置于开发前的阶段。首先采用 LKA 进行驾驶员辅助，然后通过逐步改进走向无人驾驶。LKA 大致可分为车道保持和车道定心，其区别在于控制系统、控制目标和控制系统的干预程度。车道偏离预警系统的控制目标是使车辆保持在辅助较少的车道上，在车道中，辅助系统的控制目标是使车辆保持在车道中心线附近，这比车道偏离预警系统提供了更多的辅助。

① 毕欣.自主无人系统的智能环境感知技术[M].武汉：华中科技大学出版社，2019:116,117.

② 李嘉宁，刘杨，胡馨月，等. 基于深度学习的无人驾驶视觉识别[J]. 工业技术创新，2020,7(4):54-57.

摄像机通过成像原理和相应的标定操作，获得被检测车道线与车身之间的距离。同时，也可以得到车道线与车辆行驶方向的夹角，从而估计偏离车道的时间。根据不同的控制策略，距离或估计时间成为 LKA 控制系统的基础。车道线检测的准确性和距离或估计时间的计算是 LKA 技术的前提和难点。车道线的唯一性通常通过摄像机来检测，因此基于摄像头的车道线检测成为 LKA 技术的主流方案。

类似于车道偏离预警系统的车道偏离辅助系统也主要基于摄像机的车道线检测技术。与 LKA 主动干预车辆控制不同的是，LDW 主要采用提供车道偏离的警告信息来进行控制。

视觉感知的另一个应用是碰撞预警系统。在前向障碍物检测系统中，摄像机负责前向障碍物的检测和识别。根据摄像机的成像原理，判断障碍物与车身之间的距离。预计碰撞时间是根据距离和车速计算的，估计的碰撞时间作为判断是否进行预警的依据。在前向碰撞预警系统中，毫米波雷达也是一种常用的传感器，由于毫米波雷达能够更准确地获取目标速度信息，而摄像机能够判断目标类别，因此两种设备信息的融合形成了目前主流的前向碰撞预警系统解决方案。

类似于前向碰撞预警系统，自动应急制动系统（automatic emergency brake system, AEB）也能检测前进障碍。AEB 系统通过摄像头或雷达探测和识别前方车辆，当有可能发生碰撞时，通过声音报警和警示灯提醒驾驶员进行制动操作以避免碰撞。如果驾驶员没有采取制动动作，而系统判断不可能避免追尾，则采取自动制动措施减少或避免碰撞。同时，AEB 系统还包括动态制动支持，当驾驶员在制动踏板上的力量不足以避免即将发生的碰撞时，动态制动支持将得到加强。

7.2.2　传感器融合技术

1. 常用的传感器融合技术

信息融合是一门综合多学科的新兴技术，不同的算法和模型涉及不同的集成层次。目前，国内外的研究主要集中在信息融合算法的研究上，并取得了一些进展，下面介绍多传感器信息融合技术中常用的一些经典算法。

（1）加权平均法。加权平均法是信息融合最简单、最直观的方法，将多个传感器提供的加权数据值进行平均，得到最终的融合值。使用加权平均法的主要挑战是如何为传感器获得的数据赋值合适的权重值，以及如何选择合适的权重计算方法。

（2）卡尔曼滤波。卡尔曼滤波器可以根据前一信号状态的估计值和当前状态的实测值，估计出信号的当前值，然后进行递归计算。在数据融合中，传感器获得的原始数据存在较大的误差，而卡尔曼滤波方法可以有效降低测量数据的误差，提高融合质量。

（3）贝叶斯推理方法。贝叶斯推理具有数学公式结构，易于理解，只需要适度的计算时间。然而，贝叶斯推理需要先验的已知概率，并且各个变量之间是相互独立的，这在大多数实际应用中是很难满足的。因此，贝叶斯推理方法存在很大的局限性。

（4）统计决策理论。统计决策理论通过选择一个最优的决策参数基准来方便决策，可以提高融合结果。损失函数是统计决策理论中的重要参数之一，而损失函数的选取方法是统计决策理论中的难点之一。

（5）DS（dempster/shafer）证据推理方法。DS 证据推理方法最大的优点和特点是能够有效地描述不确定信息。DS 证据推理具有严格的理论推导，通过信任函数和怀疑函数将证据区间划分为支持区间、信任区间和拒绝区间来表达不确定性和未知信息。DS 证据合成公式可以有效融合实测数据，在实测数据提供的证据相差不大的情况下，获得更准确的判断结果，但该理论也存在着一票否决、主观构成过大等问题。

（6）模糊理论。模糊理论是一种模仿人类思维方式的算法。它通过认知加工和抽象提取来总结对象的共同特征。在电脑上，利用模糊函数提取一些函数指标，模糊理论的多学科性质允许集成不同的算法来解决不确定性的问题。在信息融合系统中，模糊理论可以有效地提高融合效果。然而，模糊理论的局限性在于如何构建合理有效的隶属度函数和指标函数。

（7）神经网络方法。神经网络方法采用分布式并行信息处理，通过大量模拟人类神经元系统的网络节点来处理信息。其特点是能够高速处理并行信息，解决信息融合系统中信息过多的问题。神经网络还具有处理非线性关系的能力，算法易于在计算机上实现。神经网络融合算法面临的主要挑战是学习方法本身还存在一些问题，如稳定性问题、泛化问题及缺乏有效的学习机制等。

2. 无人驾驶汽车中的多模态传感器协同信息传感技术

自动停车、道路巡航控制及自动紧急制动等自动驾驶功能在很大程度上依赖于传感器。其中最重要的不是传感器的数量或类型，而是它们的使用方式。目前在道路上行驶的车辆中，大多数自动驾驶辅助系统都是独立工作的，这意味着它

们之间的信息交换很少，融合多传感器信息是实现自动驾驶的关键。

智能汽车的特点在于人工智能，这意味着汽车本身可以通过车载传感系统感知道路环境，自动规划行驶路线，并控制车辆到达预定目的地。目前，车辆传感模块包括视觉感知模块、毫米波雷达、超声波雷达及 360° 环绕视觉系统等。通过多源传感器可协同识别道路车道线和行人、车辆等障碍物，实现安全驾驶，因此感知到的信息也需要融合和补充。

各种不同的传感器对应不同的工作条件和传感目标，如毫米波雷达用于识别 0.5 ～ 150 m 范围内的道路车辆、行人、路障等障碍物。在停车过程中，超声波雷达可识别道路沿线 0.2 ～ 5 m 近距离范围内的障碍物、静止车辆的前后方及经过的行人等，两者协同工作，通过融合障碍物角度、距离及速度等数据，描述车身周围环境和空间范围，进而互相弥补不足。

下面介绍两个基本的传感器融合实例。

（1）后视镜和超声波测距。超声波泊车辅助技术在汽车市场上已经被广泛接受，并且已经非常成熟。更先进的停车辅助功能可以通过结合后视镜和超声波测距实现。后视镜可以让司机清楚地看到车辆的尾部，而机器视觉算法可以检测到物体，以及路肩石和街道上的标记。利用超声提供的互补功能，可以准确地确定被识别物体的距离，在低光或完全黑暗的情况下，可以确保基本的接近报警。

（2）前置摄像头和多模前置雷达。前雷达能够在任何天气条件下测量 150 m 内物体的速度和距离。这款相机在探测和识别物体方面非常出色，包括识别路牌和路标。通过使用由不同视角和光学元件组成的多摄像机传感器，该系统可以识别车辆前方的行人和自行车，以及 150 m 范围内或更远的物体，同时还能自动实现紧急制动、启停巡航控制等功能。

7.3　无人驾驶汽车中的定位与导航

随着科技的快速发展和全球化的推进，定位和导航技术被应用于诸多领域，在我们的日常工作和生活中扮演着越来越重要的角色。在无人驾驶的自动化移动系统中，导航技术主要为运动载体提供方向、位置、速度和时间等信息，其用于确定运动载体本身的地理位置，是路径规划和任务规划的基础和支撑。目前常用的定位导航技术大致可分为以下几类：绝对定位，如利用全球定位系统（GPS）进行定位；相对定位，如里程计、陀螺仪和其他惯性传感器；结合定位以及即时定位与地图构建（SLAM）。如图 7-8 所示，全球导航卫星系统（GNSS）由于其全球化、不受天气影响和实时的特性，已经成为导航领域的一个重要角色。同时，它也有不可忽视的缺点，如自主性和可靠性差，易受各种因素的影响。

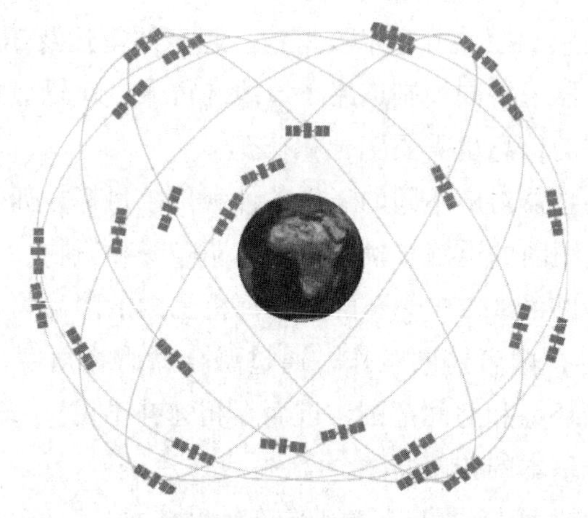

图 7–8　地球卫星系统

惯性导航技术被广泛应用于各个领域，具有很强的独立性和可靠性。惯性导航在短时间内具有较高的精度，但随着惯性导航系统的逐渐漂移，误差开始积累，长时间工作使其精度不高，极大地限制了惯性导航的应用。此外，由于每种单导航系统都有其自身的局限性，因此组合导航成为研究热点。惯性导航与卫星导航的组合技术是一项具有广阔前景的技术，目前正处于发展阶段。同时，SLAM 技术的相关基础理论和解决方案也为实现无人系统提供了极大的科学价值和应用价值。

在汽车工业的发展中，汽车的智能导航一直是大众追求的目标，尤其是在无人驾驶汽车领域。考虑到无人驾驶系统的危险性和不确定性，为了减少不必要的人员伤亡和降低事故率，定位导航技术成为一项重要的发展技术[53]。高精度驾驶定位与导航技术是自动驾驶的核心技术之一，这也是自动驾驶布局的亮点。这里的高精度定义为达到厘米级的误差范围，这是由驾驶安全的客观要求决定的。换句话说，如果误差超过几十厘米，两车之间就可能发生碰撞。

定位导航系统一般包括 GPS 导航、惯性导航（INS）及组合导航等。GPS 和 INS 是目前较为先进的导航系统，各有优缺点。GPS 导航具有全球、全天候、高精度、三维定位的优点，但也存在数据容易丢失、可靠性差等缺点。INS 完全依靠运营商自己的设备进行独立导航，不与外界通信，因此数据不会

受到干扰，但是，惯导系统的误差会随着时间的推移而累积，不适合长距离导航。在高精度定位导航技术方面，基于 GPS 和惯性传感器的传感器融合是一种重要的定位导航技术。虽然 GPS 导航的精度可以达到厘米范围的水平，但当自动驾驶汽车进入 GPS 盲区、桥梁、隧道、涵洞或地下停车场时，其自身无法定位或信号移位，将造成巨大的安全风险。事实证明，惯性导航也是自动驾驶的必要硬件设备，因此两者相辅相成，可以有效提高导航精度和可靠性。

在无人驾驶车辆组合导航系统中，GPS 接收机包括基站和移动基站。移动基站安装在车辆上，通过载波差值获得相对高精度的定位数据（约 10 cm）。惯性导航系统固定在车体上，能在车辆运行时提供 x、y、z 三相加速度和方向角。据此，可以根据当前点推断出下一个时间点的位置，从而估计出惯性导航系统的位置。将 GPS 推断数据按权重比进行融合，获得相对准确的位置。随后，通过安装在无人驾驶车上的其他环境传感器，实时扫描周围物体信息，获取周围障碍物的数据点信息，并对数据点进行处理，建立周围障碍物的轮廓，从而形成避障的基础。

由于无人驾驶对可靠性和安全性的要求很高，基于 GPS 和惯性导航的定位并不是无人驾驶的唯一定位方法。在实际应用中，还采用了激光雷达点云、高精度地图匹配和视觉技术以及里程表计算等定位方法，同时允许各种定位方法相互校正，以获得更精确的结果。

7.4　无人驾驶汽车中的路径规划

路径规划是指根据所给定的地图和目标位置，规划一条使机器人到达目标位置的路径的过程。在有障碍物的环境中，从初始状态目标开始的路径问题可以看作连续空间中的离散图搜索问题。路径规划算法对实时性和鲁棒性要求较高，高效的路径规划算法是关键。它主要分为两部分：环境的构建和最短最优路径的搜索。常用的路径规划算法可分为两类：策略规划和局部规划。传统的路径规划算法有退火算法、人工势场法及模糊逻辑算法等。在求解实际问题时，传统算法往往难以建立模型。此外，图形规划方法为建模提供了基本的方法，然而图形的方法一般都没有足够的搜索能力，因此，需要结合一种特殊的搜索算法。常用的图形规划方法包括 C 空间法、网格法及自由空间法等 [56]。在处理复杂动态环境信息下的路径规划问题时，自然启示往往起到很好的作用，智能仿生学算法是人们通过仿生学研究发现的算法，如蚁群算法、神经网络算法及遗传算法等。其他算法主要是指搜索能力强或能很好地应用于离散路径拓扑网络的算法，如 A* 算法、Dijkstra（迪杰斯特拉算法）算法及 Floyd（插点法）算法等。

在无人驾驶汽车中，全局路径规划主要是实现预定范围内的自动驾驶，其通常依赖于拓扑图。控制系统根据车辆的起点和终点记录需求，并生成车辆行驶路径，然后无人驾驶汽车基于这样的电子传感路径行驶。在这个过程中，车辆遇到新的障碍物就会自动选择制动器，并根据局部路径规划改变速度和方向，实现自动行驶的功能。根据场景的要求，车辆可以选择合适的运动轨迹。

自 2004 年起，美国国防部高级研究计划局（DARPA）组织了一系列无人驾驶汽车挑战赛。许多路径规划算法已经在 DARPA 系列挑战赛中得到验证。例如，在 2005 年 DARPA Grand 项目挑战赛中，Alice 的无人驾驶车辆运动规划器以最优时间为指标，以车速、加速度、方向盘转角、转向速度和侧翻为约束条件，实现实时动态避障轨迹规划。2007 年，在美国国防部高级研究计划局城市挑战赛上，宾夕法尼亚大学（University of Pennsylvania）的无人驾驶汽车 Little Ben 使用了 Dijkstra 算法。麻省理工学院的基于 RRT 运动规划方法的 Talos 无人车成功完成了车道保持、超车变道、避拥堵等动作。斯坦福大学的无人驾驶飞行器 Junior 基于游戏环境的需要，使用了混合 A* 算法，获得了亚军。卡耐基梅隆大学开发的无人驾驶汽车 Boss 采用了 AD* 算法并最终赢得了冠军。在 DARPA 系列挑战赛之后，路径规划算法在无人驾驶汽车上的应用变得越来越广泛。

LIVIC（the laboratory on interactions between vehicles,infrastructure and drivers）实验室采用多项式曲线来描述无人车换道场景，即五阶多项式描述横向运动，四阶多项式描述纵向运动。丰田北美研究中心建立了基于路径节点的混合动力 A* 计划的非线性优化模型，以路径节点与障碍物之间的距离、曲率和路径平滑度作为优化指标，采用共轭梯度算法求解优化问题，以此来得到更平滑的路径。2013 年，奔驰 S 级智能车完成了 100 km 的自动驾驶。它采用了数值优化算法规划运动轨迹，该算法以车辆在车道上的相对位置、加速度、横摆角速度和曲率为优化指标，采用序列二次规划法进行弹道计算。2016 年，百度的开源 apollo 自动驾驶平台采用最大期望算法（expectation algorithm, EM）和基于曲线插值的格点算法，实现了复杂或简单城市道路上无人驾驶车辆的实时规划。

第 8 章　智能感知技术在无人机中的应用

8.1　无人机概述

8.1.1　无人机定义

无人机（unmanned aerial vehicle,UAV）是无人驾驶飞行器的简称，是指不需要飞行员驾驶的，通过远程遥控设备或预设飞行程序的操纵，完全或间歇地自主完成飞行任务，可重复使用的一种飞行器。通俗地讲，没有驾驶员的飞机称为无人机，因此无人机上也不会设置驾驶舱，但在机身上会配备自动驾驶仪，设计自主飞行控制程序等。控制站人员将会通过无线电技术获取其飞行数据，并对其进行定位、遥测和数字传输等。

无人机与有人飞行器的区别：有人飞行器的机上有人驾驶，需配有环境控制与生命保障设备，即驾驶舱需要有足够的氧气、适宜的温度以及危急情况下弹射座椅的保障，其还可以独立地执行任务，不一定需要与地面人员进行联络。

无人机与导弹相比，共同点在于机（弹）上都是无人驾驶，通过遥控或自主控制。不同点在于无人机的侦查功能更强，且无人机可重复使用，而导弹不可以。与其他飞行器（卫星、热气球）相比，卫星的在轨运行是依靠惯性和地心引力，热气球是通过加热空气，使其密度降低从而达到升空的目的，它们都不是依靠动力来飞行的，而无人机需要动力支撑。

8.1.2　无人机系统

无人机主要是指无人机空中飞行平台，更重要的是无人机系统（unmanned aerial systems,UAS）。无人机系统是指由无人机、相关的控制站、所需的指令与控制数据链路，以及批准的型号设计规定的任何其他部件组成的系统，抑或是无人机空中平台及与其配套的任务设备、数据链、地面测控站、起飞（发射）回收装置以及地面保障设备的统称，也称远程驾驶航空器系统（remotely piloted aircraft system，RPAS）。控制站也称遥控站、地面站，是无人机系统的组成部分，包括用于操作无人机的设备。指令与控制数据链路（command and control data link，C2）是指无人机和控制站之间以飞行管理为目的的数据连接。图 8-1 为一种无人机系统，其中系统是由若干个相互联系、相互作用、相互依存的组成部分（要素）结合而成的具有特定功能的有机整体。更具体地说，从组成上讲，是指“相关部件（子系统）、软件与功能的有机集合”；从技术上讲，是指“具有相依存功能的机械结构、电气、电子的一种集合”；从更广义上讲还包括操作的人员技术。

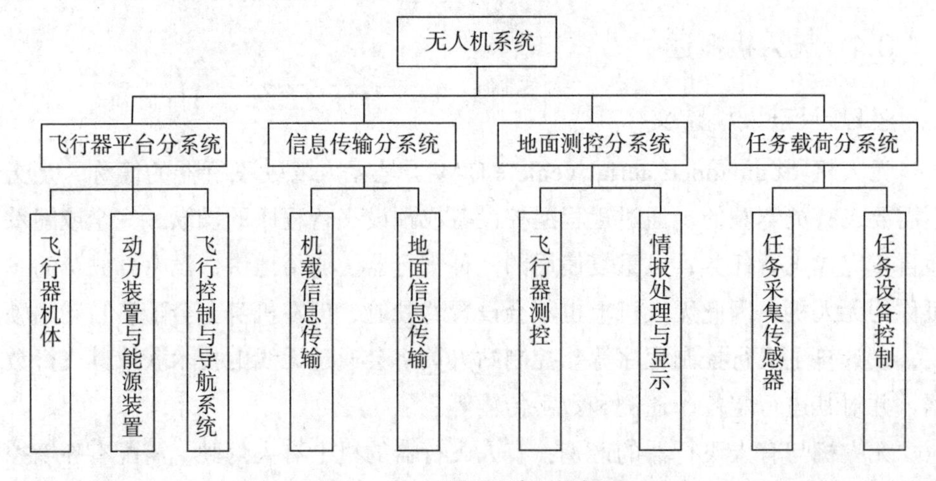

图 8-1　无人机系统组成框图

1. 无人飞行器平台

（1）无人飞行器机体包括机身、机翼、翼身融合体、旋翼和尾翼。

（2）无人飞行器动力装置包括喷气发动机、燃油活塞发动机，以及小型的无人机用到的无刷电动机、螺旋桨等。

（3）无人飞行器能源装置包括油箱、电池以及电源分配器。

（4）无人飞行器飞行控制与导航系统是执行飞行器姿态控制和规划线路导航控制的硬软件，包含伺服机构、伺服舵机、连杆及摇臂等其他驱动机构（旋翼操纵机构）。

2. 通信链路

通信链路是指信息传输分系统，通常被称为“数据链”，包括机载信息传

输和地面信息传输。机载信息传输包括机载天线和机载无线电信号接收器以及信号发射器，它可以接收地面的遥控指令，并且可以向地面发送飞行器信息和任务载荷的信息。地面的信息传输通常包括天线、地面天线信号接收器和发射器，可以发送地面遥控指令，同样也可以接收飞行器传回的飞行器信息和任务载荷的信息。

3. 地面测控分系统

监控平台包括显示器、遥控操纵杆和按钮、飞行器信息与情报信息显示。

情报数据处理系统包括微型计算机处理系统、上传与下传信息处理，以及情报处理与储存。

4. 任务载荷

任务载荷是根据不同任务使命的微型飞行器而设计的不同机载任务设备。例如，侦察设备、气体采集器、声音采集器及电子干扰器等其他任务传感器，通常视觉传感器是无人机最基本的传感器。

5. 起飞、回收装置

起飞装置有地面弹射起飞装置和火箭助推起飞装置。回收装置除滑跑着陆外还有降落伞以及气囊着陆装置。

6. 地面保障设备

地面保障设备是存储无人机有关信息并且可以运输监测无人机的装置。

8.1.3　无人机分类

无人机（UAV）的机动性允许在更动态的领域进行操作，要求有能力去感知和应对变化的环境，诸如定位和地图绘制等问题源于使用传感器来定位物体和避开路上的障碍。尺寸有助于对空中平台进行分类，机身越小，可用的传感器和其他硬件的范围就越窄。主要的限制是较小的有效载荷，这也受到有限的机载功率的限制，而有效载荷是飞机通常以质量来考虑的运输能力。以下列出的是一些重要的无人机类别[①]。

1. 按主要用途分类

按主要用途分类，无人机可分为军用无人机和民用无人机。军用无人机包括无人靶机、无人侦察机、电子通信无人机及无人作战机。其中，无人侦察机

---

① 刘军 . 无人机 [M]. 天津：天津科学技术出版社，2018:1-12,

又分为战术无人侦察机、区域监视无人机、目标定位无人机及战略无人侦察机；电子通信无人机分为电子侦查无人机、电子干扰无人机、通信中继无人机及诱饵无人机；无人作战机分为无人察－打（侦察－打击）一体机、无人战斗机。

2.按飞行器性能分类

（1）高空长航时（high-altitude long-endurance, HALE）无人机能够进行超长距离（跨全球）侦察和监视，能够在 15 000 m 高空飞行 24 h 以上。

（2）中等高度长航时（medium-altitude long-endurance, MALE）无人机类似于一般在较短距离操作的 HALEs，但其飞行距离仍然超过 500 km，飞行的海拔高度为 5 000 ～ 15 000 m，具有 24 h 耐力，并从固定基地起飞。

（3）战术无人机或中程无人机的射程在 100 ～ 300 km 之间。

（4）垂直起降无人机可以垂直起飞、悬停和降落。

（5）近距离无人机通常工作在 100 km 的范围内，有诸多用途，包括各种各样的任务，如侦察、目标指定、监视、作物喷洒、电线检查和交通监控等。

（6）小型无人机（mini-UAV）能手动发射和操作，射程达 30 km。

（7）微型无人机（micro-UAV，MAV）除了飞得很慢，它还会停在墙上或柱子上（盘旋－悬停模式）。一般来说，MAV 都是手动发射的，因此，带翼的版本具有较浅的机翼载荷，这使得它们容易受到大气湍流和降水的影响。

（8）纳米飞行器是一种超轻型无人机。如果摄像机、推进和控制子系统可以做得足够小，纳米飞行器可用于超短程监视。

8.2 基于光流的态势感知、探测和避障无人机系统

8.2.1 基本概述

无人机是通过传感器和执行器与环境相互作用的网络物理系统，在视觉态势感知、探测和避障系统中起着至关重要的作用。相机的使用是计算机视觉（computer vision, CV）算法与惯性导航系统（inertial navigation system, INS）的集成，其将图像的运动特征与无人机的动态特性相融合，可以改进遥感、避障或估计无人机的位置和速度[①]。

无人驾驶飞行器又称无人机或遥控飞行器（aircraft remotely piloted,

① 孟宪宇．多感知系统与智能仿真[M].北京：国防工业出版社，2012:103-120.

ARP），是一种用于监视、情报和侦察、测绘、搜索和救援等行动的系统。然而，21 世纪初以来，ARP 主要用于军事行动。1979 年，Przybilla 和 West-Ebbinghaus 将其纳入航空摄影测量科学。由于微电子系统的出现和加入，惯性测量单元（inertial measurement unit, IMU）得到了改进，它主要由加速度计和陀螺仪组成。如今，我们可以看到另一种可以集成在无人机上的传感器，如 LIDAR（light detection and ranging）、SAR（synthetic aperture radar）、光学和声学传感器等。

相机是光传感器，捕捉光谱中可见波段的物体的波，它被动地提供周围环境的信息。此外，图像采集（即相机）与导航系统的集成，使我们能够通过惯性导航系统（INS）/ 全球卫星导航系统（global navigation satellite system, GNSS）最准确地估计无人机的位置和速度。

计算机视觉算法和导航系统增强了无人机对其环境的感知，使其更加自主，并改进其态势感知，在无须操作员监督的情况下做出决策并执行任务。虽然摄像头和其他传感器可以为无人机提供自主特性，但航空当局的规定不允许无人机与商用飞机共享航空空间。现在的挑战是在无人机内部实现一个可靠的系统，以检测和避免任何碰撞行为，提高其对周围环境物体的感知和理解。

目前，导航系统由 INS、IMU 和 GNSS 数据融合而成。然而，也有信号被破坏或不可用的情况，即当无人机位于城市或森林地区，信号被阻断或被黑客攻击，GNSS 信号便会丢失，而计算机视觉算法是无人机丢失 GNSS 信号时保持位置和速度估计有效的候选算法。融合计算机视觉算法和导航系统的数据有如下两种策略。

（1）绘制与定位相关的先前建立的位置。利用计算机视觉算法和基于预先建立的地图上的 INS 数据来定位它的位置需要足够的内存来存储地图。另一种可能性是地面控制站将地图图像存储在网上，这种可能性是基于有可靠的连接和带宽来发送它。（2）无地图使用环境特征。没有地图的导航系统是基于环境特征进行自定位的，如 SLAM（simultaneous localization and mapping）。这种导航系统除了能够跟踪目标外，还能探测和避免障碍物。

虽然导航系统是无人机的重要组成部分，但它并不是唯一的。有各种各样的应用依赖于嵌入在有效载荷中的摄像机，规划系统向制导系统发送新的坐标，这一过程取决于其使用光学传感器感知到的信息和实现任务的类型。例如，跟踪目标或发送一个可能的障碍信息也可以利用光学传感器提供冗余信息来估计最准确的速度和位置。

8.2.2 光流和遥感

遥感（remote sensing, RS）是通过测量远处目标区域反射和发射的辐射来探测和监测目标区域物理特征的过程。通过特殊的相机来收集地球的遥感图像，有助于研究人员了解地球的情况，想要获得这一信息，可以通过装备在飞行器内的摄像机来实现，其中航空摄影测量也是遥感的一个子领域①。

航空摄影测量是一门利用电磁波谱记录图像和模式提取以及解释物体及其环境信息的一门学科。该学科分为两个领域，解析摄影测量和数字摄影测量。解析图像的主要目标是根据物体的大小、图案、纹理、轮廓、亮度及对比度等对确定区域内的物体进行识别和侦察。数字摄影测量是根据传感器的信息对图像进行精确的测量，测量图像上点之间的相对位置，如距离、角度、体积和大小等，其广泛应用于平面测量和高程测量。从图像中提取或解释的信息可以应用于地形学、城市规划、考古学或其他领域。

在航空摄影测量中，需要知道图像相对于一个参考点的方向，因此需要建立两个参考点：一个是内部参考点，其中图像的像素与相机的坐标有关；另一个是外部参考点，在图像中表示的对象和位于地形中的对象之间建立关系。图像的方向可以通过导航系统内部的 GNSS/IMU 直接实现，也可以通过位于已知坐标 x、y、z 的地形上的地面控制来实现，这一确定图像方向的过程称为空中三角测量（aerial triangulation, AT）。

8.2.3 空中三角测量

空中三角测量（AT）有助于确定方位，这对传感器提供的信息具有良好的准确性是必要的，然而，特别是在低成本的传感器中并不合适。通过整合来自摄像机的信息，可以提高定位的正确性。通过提取并跟踪联络点，与导航系统进一步融合 INS/GNSS②。

式（8-1）的共线性方程表示了物体在地形中的投影与图像坐标的关系。图 8-2 显示了图像中表示的对象与地形上对象之间的关系。其中一个连接点是连续两幅图像所代表的场景特征，这些点没有地理坐标，因此共线性方程可

---

① 官建军，李建明，苟胜国，刘东庆．无人机遥感测绘技术及应用 [M]. 西安：西北工业大学出版社，2018：52-81.

② 法尔斯特伦（Fahlstrom，P.G），格里森（Gleas，T.J.）．无人机系统导论 第 4 版 [M]. 郭正，译．北京：国防工业出版社，2020:106-109.

以确定时间 t 时的坐标：

$$\begin{bmatrix} X_p \\ Y_p \\ Z_p \end{bmatrix} = \lambda_1 \begin{bmatrix} r_1 - r_0 \\ s_1 - s_0 \\ -f \end{bmatrix} + \begin{bmatrix} X_{c_1} \\ Y_{c_1} \\ Z_{c_1} \end{bmatrix} - \begin{bmatrix} X_{c_1} \\ Y_{c_1} \\ Z_{c_1} \end{bmatrix} \tag{8-1}$$

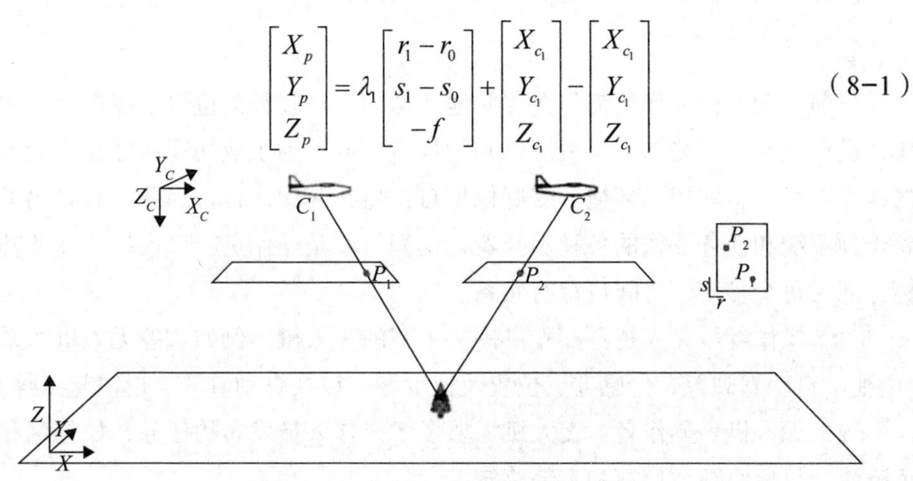

图 8-2　涉及两个连续图像联结点的关系

其中，X_p、Y_p 和 Z_p 为点的地理坐标；λ 是一个尺度因子；$\boldsymbol{R}$ 为 IMU 的度量所形成的旋转矩阵；r 和 s 为像平面内坐标；f 为焦距；X_c、Y_c、Z_c 为 GPS 上的地理坐标。

既然已知地理坐标上的联络点，那么在 $t+\Delta t$ 时刻，联络点在下一图像坐标上的投影就由以下方程计算出来：

$$\begin{bmatrix} r_2 - r_0 \\ s_2 - s_0 \\ -f \end{bmatrix} = \lambda_2 \boldsymbol{R}_2 \begin{bmatrix} X_p - X_{c_1} \\ Y_p - Y_{c_1} \\ Z_p - Z_{c_1} \end{bmatrix} - \begin{bmatrix} X_{c_1} \\ Y_{c_1} \\ Z_{c_1} \end{bmatrix} \tag{8-2}$$

从前面的叙述中可以看出，航空摄影测量使用的是由 GNSS 和 INS 提供的信息，并利用特征点的运动跟踪连接点。

在图像上采用 KLT（kanade-lucas-tomasi）的方法对连接点进行跟踪，在图 8-2 中点 P_1=（r，s），P_2=（r+dx，s+dy），其中 dx 和 dy 为 P_1 点到 P_2 移动的距离。

将图像中的连接点用积分来表示为

$$f(x,\ y,\ \Delta t) = f(r_2 + \Delta x,\ s_2 + \Delta y) \tag{8-3}$$

其中，r_2 和 s_2 为共线性方程（8-2）计算的连接点。

因此，为了增强对连接点的跟踪，提出将特征点与基于式（8-2）的连接点进行积分计算：

$$f(r,\ s,\ \Delta t = f(x + (r_2 - x) + \Delta x,\ y + (s_2 - y) + \Delta y)) \tag{8-4}$$

8.2.4 光流和态势感知

1. 基本内容

目前，无人机操作员都是在控制地面站的一个较长的位置上操作的，因此操作员所感知的环境与无人机所感知的环境不同。为了成功完成任务，无人机的操作者可以感知周围环境，就好像他自己也在其中一样。因此，有必要考虑到干预系统和任务操作的各种参与者，他们可以是操作员、无人机或任务的目标，同时每个参与者之间也都有联系。

（1）操作者→无人机：操作员需要了解的无人机，例如监控无人机的系统（电池、自动驾驶仪、传感器、位置及速度等）以及自动着陆、返回起点等。

（2）无人机→操作者：无人机需要了解操作人员发布的任务，如探测和避免障碍、目标跟踪、侦察和态势感知。

（3）任务：将要执行的任务类型，如测绘、跟踪、娱乐、搜索和救援等。

从以上可以看出，无人机对操作者和操作者对无人机的依赖程度都很高。无人机不断地向操作员发送信息，以监视其系统和周围的环境；任务和信息的积累会导致操作员的压力和疲劳。这些因素可能会影响任务的成功。

但是，无人机可以在不需要操作符过载的情况下自行完成各种任务，如检测和避免障碍物或跟踪目标，所以操作符可以做出大部分复杂的决策。

情境意识被定义为“在一定的时间和空间内感知环境中的元素，理解它们的意义，并映射它们在不久的将来的状态”。在这个定义中，我们可以发现能够应用于无人系统的三个主要方面。

（1）感知是对周围事物的认识。

（2）理解是一种能力，当一个物体成为可能的威胁。

（3）映射是为了规避威胁而应考虑的信息。

情境意识让人知道周围正在发生什么，为什么会发生，现在会发生什么，以及根据情境做出什么决定并保持控制。

2. 探测和躲避系统

无人机在城市或森林地区飞行时面临的挑战之一是避开障碍物，而障碍物对环境感知的影响将会使操作员付出更多时间来关注。想要使其实现自主避障的操作，需要经历三个阶段：第一阶段是传感，第二阶段是检测，最后阶段是避障。通过以下对感知、理解与映射的描述来更深入地认识以上三个阶段。

（1）感知。利用激光雷达、声传感器、光学传感器和红外传感器等传感器的信息对无人机周围的环境进行检测。其中，光学传感器具有成本低、体积小、重量轻等优点。

在感知阶段有必要了解被拍摄物体的一些特点，这些特点可以是线、轮廓、角或斑点区域。确定线的算法有 Hough（Paul Hough，保罗 · 霍夫）变换，确定角的算法有 SIFT（scale-invariant feature transform，尺度不变特征变换）、SURF（speeded up robust features，加速稳健特征）、ORB（oriented fast and rotated brief）或 Harris（哈里斯）角点检测。有了这些特征点，图像内部的目标就可以被独立出来。

（2）理解。在图像所代表的所有目标对象中，有些是威胁，有些则不是。因此，有必要确定场景中与无人机相关的物体运动方向，以此来判定哪一个是可能存在的威胁，其中运动方向的确定被称为扩展焦点（focus of expansion, FOE）。[①]

①扩展焦点（FOE）是构成整个图像中物体运动的向量的一致点，通过它可以来确定无人机在每个向量上的运动方向，其运动可以是旋转的、平移的或两者结合的，如图 8-3 所示。

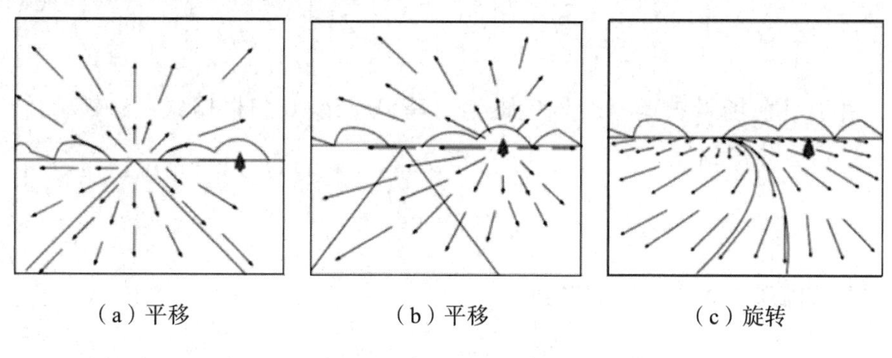

（a）平移　（b）平移　（c）旋转

图 8-3　不同动作的 FOE

扩展焦点可以通过整个图像周围或特征点的光流来计算，基于此，提出了一种基于特征点运动的解决方案：

① 自车与障碍物之间的距离除以相对速度被定义为碰撞时间（time of collision, TOC）。在单目系统中，测距和测速并不是一个简单的任务，而基于单目视觉的 TOC 估计是在不需要计算实际距离和速度的前提下，算得无人机与障碍物的碰撞时间。

$$\mathrm{FOE}=(\boldsymbol{A}^{\mathrm{T}}\boldsymbol{A})^{-1}\boldsymbol{A}^{\mathrm{T}}\boldsymbol{b}$$
$$\boldsymbol{A}=\begin{bmatrix}a_{00} & a_{01}\\ \vdots & \vdots\\ a_{n0} & a_{n1}\end{bmatrix}\quad \boldsymbol{b}=\begin{bmatrix}b_0\\ \vdots\\ b_n\end{bmatrix} \tag{8-5}$$

其中每个特征点 p（x，y）及其对应的向量流 V=（u，v）为 $a_{i,0}=u_i$、$a_{i,1}=v_i$，定义 $b_i=xu_i-yv_i$。

②碰撞时间（time of collision, TOC）。计算碰撞时间的方法有多种，一种是基于特征点展开的方法，另一种是利用光流的方法。TOC 的计算公式如下：

$$\frac{y}{f}=\frac{Y}{Z}\rightarrow y=f\frac{Y}{Z} \tag{8-6}$$

其中，Y 为点在地面坐标中的位置；Z 为 FOE 到相机位置的距离；f 为长度焦距；y 为点 Y 在图像中的投影。

式（8−6）在时间变化的情况下为

$$\frac{\partial y}{\partial t}=f\left(\frac{\frac{\partial y}{\partial t}}{Z}\right)-fY\left(\frac{\frac{\partial Z}{\partial t}}{Z^2}\right) \tag{8-7}$$

由于 Y 在场景中是一个固定的点，将 $\partial y/\partial t=0$ 和根据式（8−6）中 Y 的定义进行区分得到

$$\frac{\partial y}{\partial t}=-Y\frac{V}{Z} \tag{8-8}$$

重新排列前面的表达式得到

$$\frac{y}{\frac{\partial y}{\partial t}}=-\frac{Z}{V}=\tau \tag{8-9}$$

其中，$V=\partial Z/\partial t$ 为无人机在扩展焦点方向上的速度；τ 为碰撞时间。

（3）投影

映射是一个阶段，它搜索确定前面的障碍是否真的是一个威胁，如果物体真的是一个威胁，那么它将生成一个新的路径来避开障碍。

8.3 基于视觉的无人机多传感器数据融合

8.3.1 基本内容

传感器技术的重大进步和大规模的生产经济，促进了导航传感器的小型化，使得其在无人机系统上的应用非常广泛。在小型无人机应用中，独立的传感器不是一个可行的选择，因为导航传感器的形状、质量和成本等因素的影响通常会导致精度和稳定度的降低。在无人机导航系统中，多传感器测量数据的融合可以支持更高的精度、完整性和更新速率，而不是使用单个传感器。本小节介绍了无人机系统中使用的状态估计方法的基本原理。由于卡尔曼滤波器在各种无人机系统中的广泛应用，人们主要关注递归最优估计算法。由于需要在全球导航卫星系统中支持强大的导航性能，无法满足环境要求，因此视觉传感器的激增导致了视觉传感器测量与惯性传感器集成方法的发展。

8.3.2 多传感器数据融合算法

1. 扩展卡尔曼滤波器（extended kalman filter, EKF）

卡尔曼滤波器（Kalman filter, KF）是一种利用线性系统状态方程，通过系统输入输出观测数据，对系统状态进行最优估计的算法。由于观测数据中包括系统中的噪声和干扰的影响，所以最优估计也可看作滤波过程。从本质上来看，该方法利用贝叶斯推理递归的最大化状态和测量的联合概率，实现了比使用单个传感器更高的精度。自 1960 年开始，该方法被广泛应用于空中平台的导航，通常以离散时间形式实现。该算法分为两个步骤：一是预测步骤，通过底层系统动力学模型的传播，预测导航状态向量及其相关的不确定性；二是测量步骤，将传感器的数据进行整合，以修正预测的数据并输出最优估计。最优性是通过相关的不确定性加权测量和预测来实现的。尽管卡尔曼滤波有着非常突出的优势，但最初的卡尔曼滤波器受制于两个限制：一是状态噪声、过程噪声和测量噪声必须是高斯分布；二是系统模型和传感器测量模型必须是线性的，这使得基本算法不适用于大多数导航问题。而扩展卡尔曼滤波器通过线性化描述系统动力学和传感器测量的模型来解决这个限制。这个过程需要计算状态转移和测量模型的偏导数矩阵（雅可比矩阵）。扩展卡尔曼滤波器方程用一组一阶非线性微分方程的状态空间来描述为

$$\dot{\boldsymbol{x}} = f(x, w) \tag{8-10}$$

其中，$\boldsymbol{x}\in\mathbf{R}^n$ 表示系统状态向量；$f(\boldsymbol{x})$ 是状态的非线性函数；$\boldsymbol{w}\in\mathbf{R}^n$ 表示一个零均值随机过程。过程噪声 $\boldsymbol{Q}\in\mathbf{R}^n$ 的矩为

$$\boldsymbol{Q}=E(\boldsymbol{w}\boldsymbol{w}^{\mathrm{T}}) \tag{8-11}$$

测量方程被认为是被测状态的非线性函数：

$$\boldsymbol{z}=h(\boldsymbol{x},\boldsymbol{v}) \tag{8-12}$$

其中，$\boldsymbol{v}\in\mathbf{R}^n$ 是由测量噪声矩阵 $\boldsymbol{R}\in\mathbf{R}^n$ 描述的零均值随机过程。

$$\boldsymbol{R}=E(\boldsymbol{v}\boldsymbol{v}^{\mathrm{T}}) \tag{8-13}$$

可以将离散时间测量系统的非线性测量方程改写为

$$\boldsymbol{z}_k=h(\boldsymbol{x}_k,\boldsymbol{v}_k) \tag{8-14}$$

由于测量方程是非线性的，需要通过一阶方法将其线性化，得到系统的动态矩阵 $\boldsymbol{F}$ 和测量矩阵 $\boldsymbol{H}$。这些矩阵与非线性方程有关，可以表示为

$$\boldsymbol{F}=\left.\frac{\partial f(\boldsymbol{x})}{\partial \boldsymbol{x}}\right|_{\boldsymbol{x}=\hat{\boldsymbol{x}}} \tag{8-15}$$

$$\boldsymbol{H}=\left.\frac{\partial h(\boldsymbol{x})}{\partial \boldsymbol{x}}\right|_{\boldsymbol{x}=\hat{\boldsymbol{x}}} \tag{8-16}$$

其中，$\hat{\boldsymbol{x}}$ 表示平均值。基本矩阵近似为泰勒级数展开式为

$$\boldsymbol{\Phi}_k=\boldsymbol{I}+\boldsymbol{F}T_{\mathrm{s}}+\frac{\boldsymbol{F}^2T_{\mathrm{s}}^2}{2!}+\frac{\boldsymbol{F}^3T_{\mathrm{s}}^3}{3!}+\ldots \tag{8-17}$$

其中，T_{s} 是采样时间；$\boldsymbol{I}$ 是单位矩阵。由于泰勒级数常写为一阶，因此可以表示为

$$\boldsymbol{\Phi}_k\approx\boldsymbol{I}+\boldsymbol{F}T_{\mathrm{s}} \tag{8-18}$$

扩展卡尔曼滤波算法的过程如图 8-4 所示。

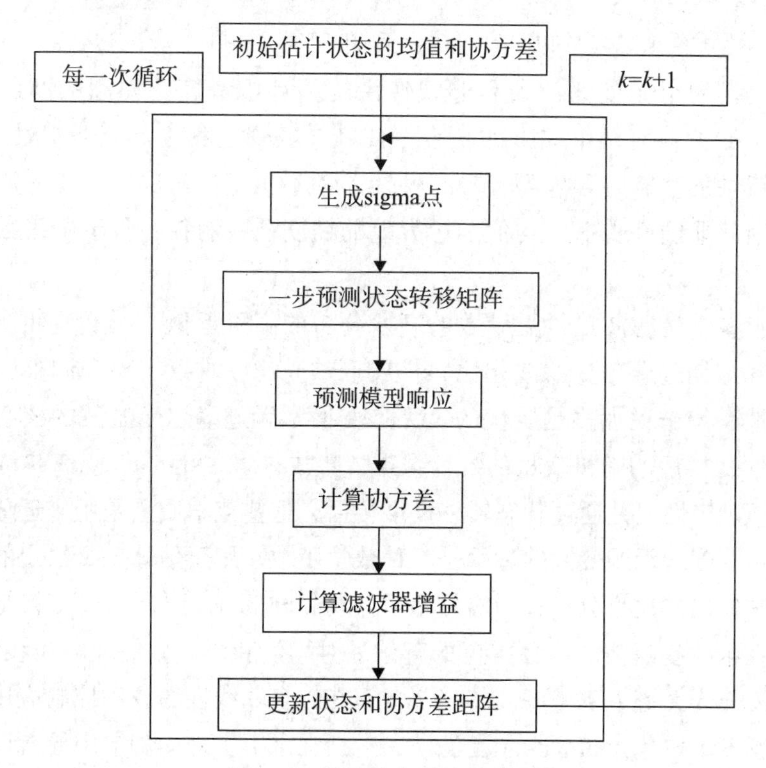

图 8-4　扩展卡尔曼滤波流程

由上一个时间步长通过状态转移矩阵 $\boldsymbol{\Phi}$ 对时间步长 k 处的导航状态 $\boldsymbol{x}$ 及其协方差 $\boldsymbol{P}$ 的预测为

$$\hat{\boldsymbol{x}}_k^- = \boldsymbol{\Phi}_k \hat{\boldsymbol{x}}_{k-1}^+ \tag{8-19}$$

$$\boldsymbol{P}_k^- = \boldsymbol{\Phi}_k \boldsymbol{P}_{k-1}^+ \boldsymbol{\Phi}_k^{\mathrm{T}} + \boldsymbol{Q} \tag{8-20}$$

其中，上标“−”和“+”分别表示加入测量前后的过程；“∧”表示对状态的估计；$\boldsymbol{Q}$ 是过程噪声的协方差。卡尔曼增益 $\boldsymbol{K}$ 的计算由下式给出：

$$\boldsymbol{K}_k = \boldsymbol{P}_k^- \boldsymbol{H}^{\mathrm{T}} (\boldsymbol{H}\boldsymbol{P}_k^- \boldsymbol{H}^{\mathrm{T}} + \boldsymbol{R})^{-1} \tag{8-21}$$

这是状态协方差、测量噪声协方差 $\boldsymbol{R}$ 和测量矩阵 $\boldsymbol{H}$ 的函数。将测量纳入校正步骤，得到状态 $\hat{\boldsymbol{x}}_k^+$ 及其协方差 $\boldsymbol{P}_k^+$ 的最优估计：

$$\hat{\boldsymbol{x}}_k^+ = \hat{\boldsymbol{x}}_k^- + \boldsymbol{K}_k (z_k - h_k(\hat{\boldsymbol{x}}_k^-)) \tag{8-22}$$

$$\boldsymbol{P}_k^+ = (\boldsymbol{I} - \boldsymbol{K}_k \boldsymbol{H}) \boldsymbol{P}_k^- \tag{8-23}$$

状态 $\hat{\boldsymbol{x}}_k^+$ 及其协方差 $\boldsymbol{P}_k^+$ 会在过滤器的下一次迭代中递归使用。虽然扩展卡尔曼滤波器受到一些限制，但它在无人机导航系统中的广泛使用，也促进了卡尔曼滤波器的发展。

2. 无迹卡尔曼滤波（unscented kalman filter, UKF）

虽然扩展卡尔曼滤波器是非线性系统估计中最广泛使用的滤波方法之一，但该滤波器有两个关键的缺点，使其在实现过程中具有挑战性。首先，高度非线性的状态转移模型会导致性能差和不稳定。其次，由于滤波器使用一阶，因此非线性传播的均值和协方差的精度被限制在一阶泰勒级数线性化方程。

无迹卡尔曼滤波提供无导数的高斯分布的高阶近似，而不是任意的非线性函数。与无迹卡尔曼滤波相比，扩展卡尔曼滤波难以实现和调整，而且对于非线性系统来说大多是次优的。无迹变换是无迹卡尔曼滤波的核心，它评估非线性变换后的随机变量的统计数据，生成许多“sigma”点来描述状态向量及其不确定性，并通过状态转移模型传播，这些点本质上是用来近似表示状态的分布矩阵。无迹变换的过程是一种数学函数，用于估计一个给定的非线性变换，其使用的概率分布仅对有限数据集特征进行统计①。无迹变换最常见的用途是在卡尔曼滤波非线性扩展的背景下对均值和协方差估计的非线性投影。无迹变换作为无迹卡尔曼滤波的一部分，在许多非线性滤波和控制应用中已经在很大程度上取代了扩展卡尔曼滤波，包括在水下、地面和空中导航以及航天器中的应用。

一般情况下，无迹卡尔曼滤波比扩展卡尔曼滤波的成本更高，当然，它也展示了更好的性能，这也可以归因于无迹变换在无迹卡尔曼滤波中增加了矩近似的准确性。由于二阶扩展卡尔曼滤波需要推导雅可比矩阵和 Hessian 矩阵，因此无迹卡尔曼滤波具有与二阶扩展卡尔曼滤波相当的精度。无迹卡尔曼滤波算法流程如图 8-5 所示。

---

① 申强，杨成伟．多传感器信息融合导航技术 [M]．北京：北京理工大学出版社，2020:60-98.

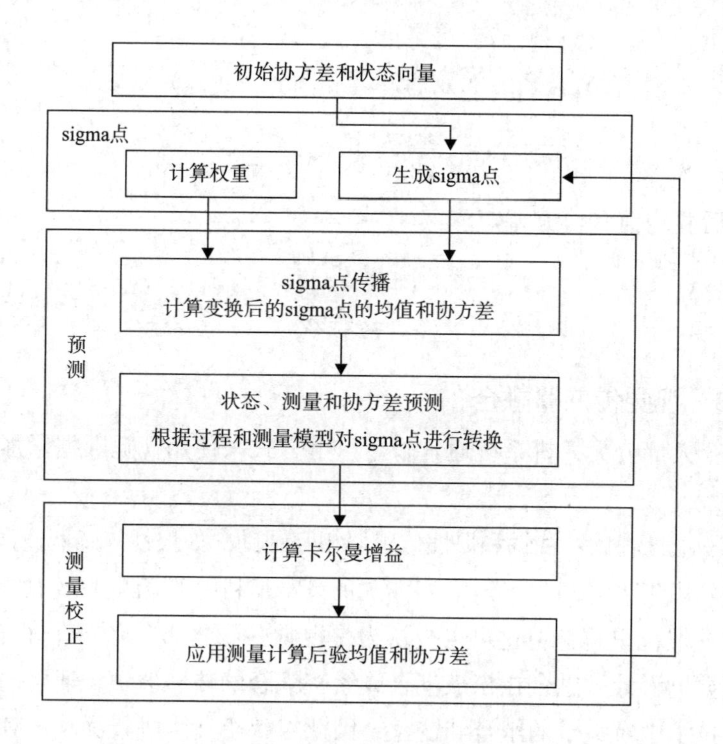

图 8-5 无迹卡尔曼滤波流程

定义 sigma 点 χ_{k-1}^1，…，χ_{k-1}^s 和权重 $\boldsymbol{w}^1$，…，$\boldsymbol{w}^s$ 来匹配一个均值 $\hat{\boldsymbol{x}}_{k-1|k-1}$ 和协方差矩阵 $\boldsymbol{P}_{k-1|k-1}$。

计算变换后的 sigma 点 $\boldsymbol{\chi}_k^i = f(\boldsymbol{\chi}_{k-1}^i)$，$i=1$，…，$s$。

计算预测状态统计：

$$\hat{\boldsymbol{x}}_{k|k-1} = \sum_{i=1}^{s} \boldsymbol{w}^i \boldsymbol{\chi}_k^i \tag{8-24}$$

$$\boldsymbol{P}_{k|k-1} = \boldsymbol{Q}_k + \sum_{i=1}^{s} \boldsymbol{w}^i (\boldsymbol{\chi}_k^i - \hat{\boldsymbol{x}}_{k|k-1})(\boldsymbol{\chi}_k^i - \hat{\boldsymbol{x}}_{k|k-1})^{\mathrm{T}} \tag{8-25}$$

定义 sigma 点 $\boldsymbol{\chi}_k^1$，…，$\boldsymbol{\chi}_k^s$ 和权重 $\boldsymbol{w}^1$，…，$\boldsymbol{w}^s$ 来匹配一个均值 $\hat{\boldsymbol{x}}_{k|k-1}$ 和协方差矩阵 $\boldsymbol{P}_{k|k-1}$。

计算变换后的 sigma 点 $\boldsymbol{y}_k^i = h(\boldsymbol{\chi}_k^i)$，$i=1$，…，$s$。

计算预测状态统计：

$$\hat{\boldsymbol{y}}_{k|k-1} = \sum_{i=1}^{s} \boldsymbol{w}^i \boldsymbol{y}_k^i \tag{8-26}$$

$$S_k = R_k + \sum_{i=1}^{s} w^i (y_k^i - \hat{y}_{k|k-1})(y_k^i - \hat{y}_{k|k-1})^{\mathrm{T}} \tag{8-27}$$

$$\Psi_k = \sum_{i=1}^{s} w^i (\chi_k^i - \hat{x}_{k|k-1})(y_k^i - \hat{y}_{k|k-1})^{\mathrm{T}} \tag{8-28}$$

计算后验均值和协方差矩阵：

$$\begin{aligned} \hat{x}_{k|k} &= \hat{x}_{k|k-1} + \Psi_k S_K^{-1}(y_k - \hat{y}_{k|k-1}) \\ P_{k|k} &= P_{k|k-1} - \Psi_k S_K^{-1} \Psi_k^{\mathrm{T}} \end{aligned} \tag{8-29}$$

8.3.3 视觉传感器融合

现如今大部分无人机系统通常采用以下方式来使用视觉数据增加传统传感器套件。

视觉 - 惯性辅助：视觉和惯性传感器相互辅助，如惯性传感器通常用于减少帧间特征匹配的搜索空间。其中一种常见的策略是利用光流测量来增加速度估计。

视觉 - 惯性里程计：这可以被认为是视觉 - 惯性辅助的一个子集，其中 6 自由度视觉里程计被融合在松散耦合或紧密耦合的传感器中，通常与惯性测量相结合。技术中有大量的组合和变化，因此对每个技术进行详尽的列表是不切实际的。相反，识别和评估无人机系统中基于视觉的导航是最常用的方法[①]。

与综合 GNSS-INS 系统一样，视觉 - 惯性融合架构通常可以根据融合的数据分为松散耦合（图 8-6）和紧密耦合（图 8-7）两类。

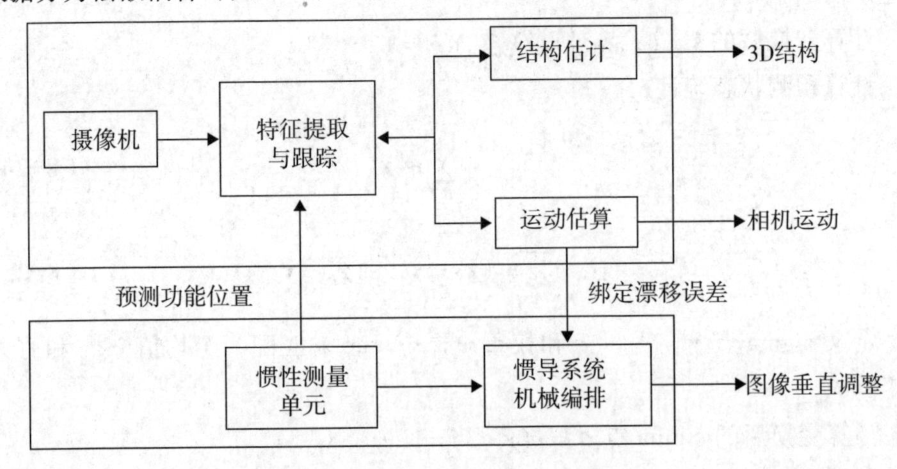

图 8-6 松散耦合的视觉 - 惯性融合

① Hassen Fourati. 多传感器数据融合[M]. 孙合敏，周焰，吴卫华，等译. 北京：国防工业出版社，2019：1.

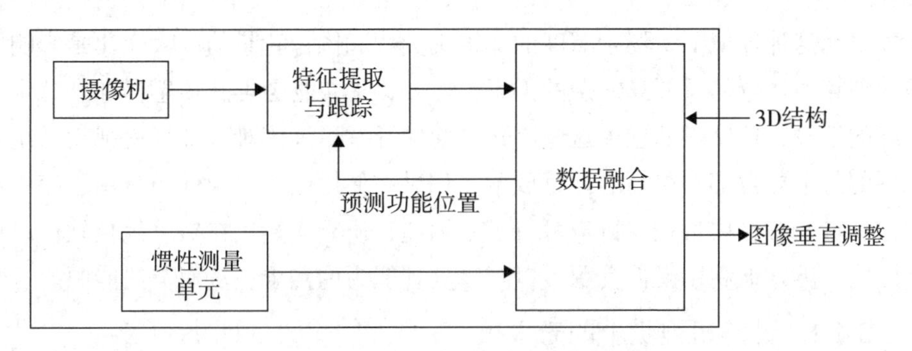

图 8-7　紧密耦合的视觉 - 惯性融合

在松散耦合系统中，惯性和视觉系统输出独立的解决方案，但其相互协助，利用惯导系统的运动估计来预测帧间的视觉特征运动，以减小搜索空间的大小和增强特征对应的鲁棒性，利用视觉子系统的速度估计来限制惯导系统的积分误差。

在紧密耦合集成中，来自传感器的原始数据被输入一个单一的中央数据融合模块，该模块输出无人机的状态估计，并将帧间特征位移反馈给图像处理模块。

图像处理是计算机知识的一个分支，它与处理数字信号有关，这些信号可以表示为用数码相机拍摄或用扫描仪扫描的图像。

大多数 Swap-C 平台的视觉 - 惯性测程实现通常基于松散耦合的单目系统，其中视觉子系统本质上是一个 6 自由度姿态估计器，输出（在随后的两帧之间）相对姿态。近年来，小型平台几乎全部使用单目摄像机，这是由于相对于立体摄像机而言，其在减轻重量和形状方面的优势明显增加。与紧密耦合系统相比，这种方法通常不是最优的，但实现起来要简单得多，计算要求也更少，计算复杂度降低是由于估计的状态向量中的元素数量相对较少。紧密耦合体系结构中包含的可视化特性使体系结构优化，但由于计算复杂，最终难以实现。

8.4　室内和室外无人机的视觉

本节介绍了环境类型如何影响计算机视觉技术、算法和特定硬件的使用。室内环境也被称为受控环境，通常依靠基于信标、接近传感器和图像处理的解决方案进行数据采集。在这种情况下，随着环境的控制，场景的照度被调整，传感器被预先定位，这些都有利于系统的开发和执行。在室外环境中，通常以不可控的环境变量而闻名，经常需要基于图像处理技术的解决方案来提供数据采集。在这种环境下，场景照度的非恒定变化和图像背景的巨大变化是影响图像处理算法运行的重要且复杂的因素。此外，建筑物会屏蔽传感器和全球定位系统的信号，这使得处理由这些因素引起的异常更加困难。计算机视觉系统中处理的每个异常都有很高的计算成本，如果在使用嵌入式硬件的应用程序中考虑这一点，有些项目就变得不可行了。因此，研究人员正在努力优化软件以提高性能、更好地利用硬件资源，以减少处理能力的需求，从而节约能源。

8.4.1　计算机视觉中的无人机

计算机视觉（computer vision, CV）研究开发能够通过不同类型的传感器获得的图像信息或多维数据来检测和发展对环境感知的人工系统。这是一种有用的机器人探测模式，因为它模仿了人类的视觉感知，可以在不接触的情况下从环境中提取测量数据。计算机视觉涉及与人工智能相关的更高概念和算法，也涉及复杂的编程，以使其符合系统的活动和需求。计算机视觉范围包括几个知识领域，如图 8-8 所示。计算机视觉不同于图像处理，它还处理从传感器和其他方法获得的信号，用来分析、理解和提供系统与环境的交互。

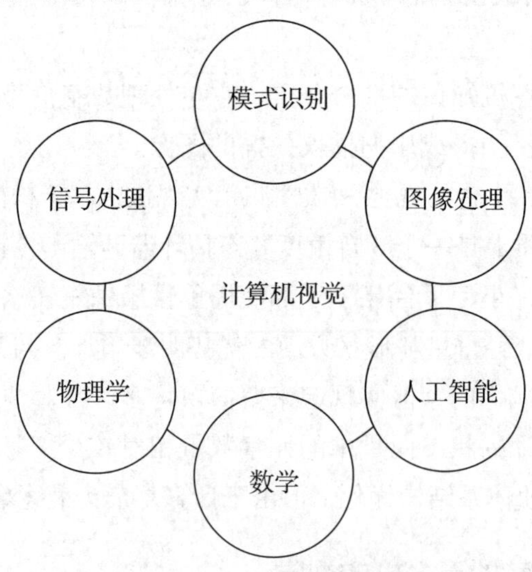

图 8-8　计算机视觉领域

从工程的角度来看，计算机视觉是一种有价值的工具，可以构建类似于人类视觉系统的一些任务的自主系统，并且在许多情况下，能够完成人类不能完成的任务。目前，视觉系统被广泛地与机器人系统集成在一起。通常，视觉感知和操作在“看”和“移动”两个步骤上进行结合，其结果的准确性直接取决

于视觉传感器的准确性，而增加系统整体精度的另一种选择是使用视觉反馈控制回路，以此来减少误差。

在这种背景下，无人机系统可以更好地建模，如果其被视为信息物理系统（cyber-physical systems, CPS），这些技术将被应用于在自主飞行模式中定位无人机或执行空中监视和检测感兴趣区域（region of interest, ROI）或感兴趣点（point of interest, POI）。这种趋势是由不同的事实驱动的，例如，电子元件的小型化，包括传感器（由智能手机等其他技术驱动）；板载 CPU（central processing unit）计算能力的提高降低了这类机器人平台组件的成本。随着现如今技术的发展，现代无人机任务的多样性和复杂性要求更高，其需要更高的自治水平。独立无人机的中心部分是导航控制系统及其子系统，这些子系统都需要集成到地面控制站。地面控制站负责对执行的操作进行远程监控，该自主导航系统使用来自几个子系统的信息来完成三个主要任务：估计目标的位置和方向（定位），识别环境中的障碍物（障碍物检测），以及做出决策（决策）。这些决策对于维护控制循环和在未知环境中提供导航至关重要。

安装在无人机体系结构上并与之集成的计算机视觉系统通常具有相似的体系结构，在其运行中采取三个步骤，即数值形式的数据采集、数据处理和数据分析。摄像机、接触传感器和超声波传感器通常执行数据采集步骤，在数据采集之后，嵌入式计算机通过使用测量技术（变量、指标和系数）、检测（模式、对象或 ROI/POI））或监测（车辆、人或其他动物）执行算法来进行数据处理。

处理后对数据进行分析，然后转换成决策命令，作为自主机器人系统的输入。自主能力和行为特征通过传感器感知环境、适应或改变环境、学习经验来构建环境的表示，发展与环境的相互作用。然而，计算机视觉系统的性能也存在一定的限制。例如，在一个使用图像处理的视觉计算系统中，遮挡、模糊运动、快速姿态变化、混乱的背景环境和板载机械振动等因素都会影响图像采集。

此外，环境的类型是技术、算法和特定硬件使用的决定因素。内部环境是可以控制的，通常依赖基于信标、接触传感器和图像处理的解决方案来获取数据。在环境可控的情况下，对场景照明进行调节、预先定位传感器都有利于系统的开发和实施。另一方面，一些环境通常有很多障碍，因此导航空间也会受限制，这可能会导致花费大量的处理时间来进行验证。此外，当内部环境不为独立系统所知时，如在救援行动中，这些条件可能会进一步受阻。

在室外环境中，通常已知是可变的，有不可控的环境因素，往往需要基于图像处理技术的解决方案来提供数据采集。此外，在户外作业中，大多数导航系统都基于全球定位系统（GPS），在这种环境下，场景亮度的不断变化和变化的幅度较大，采集图像的背景是影响图像处理算法运行的重要因素。

环境噪声也是妨碍使用这种形式进行数据采集的传感器正常工作的因素。同时，建筑物会屏蔽来自传感器的信号，使得处理由这些因素引起的异常变得更加困难。计算机视觉系统中处理的每个异常都有很高的计算成本，同时这也取决于该系统的时间要求。考虑到应用程序使用嵌入式硬件，一些任务并不合适。因此，这一领域的研究主要集中在优化软件以实现高性能和更好地利用硬件资源以减少所需的处理能力，并积极影响这些由电池驱动的系统的能源消耗。

8.4.2 室内环境

与在外部环境中运行的无人机不同，在室内运行的无人机通常尺寸较小，这影响了它们可以携带的硬件数量和自主性，也会影响计算能力，与更大的车辆平台相比，计算能力进一步降低，GPS 信号会被建筑物阻挡，因此室内无人机无法识别其在环境中的位置。此外，室内环境可能有较差的照明，因此需要在硬件中安装照明装置，但同时也增加了电池的消耗。在这种情况下，需要更有效的技术以使无人机在这些区域顺利运行，同时还希望导航技术不需要外部的基础设施。一种最流行的空中飞行器室内导航技术使用的是带航迹探测器的激光，它可以测量物体到焦点的距离，有了这个设备，就可以使用同步定位和构图（SLAM）的技术来创建环境的三维地图，并在环境中确定无人机的位置。借助单目视觉的惯性导航是另一种适用于内部环境的模式，单目相机可以提供丰富的环境信息，而且成本低、重量轻。

基于这种情况，研究人员开发了两种结合视觉 SLAM 技术的组合导航系统，即单目 SLAM 视觉系统和 SLAM 激光系统。单目 SLAM 视觉系统具有充分的特征关联和无人机状态建模。SLAM 激光系统基于蒙特卡罗模型的扫描匹配图，并利用视觉数据来减少无人机姿态估计中的歧义[57]。该工作的主要特点之一是，系统是通过导航回路中的控制器来验证的，图 8-9 显示了无人机使用上述技术在探测任务中所经过的轨迹。

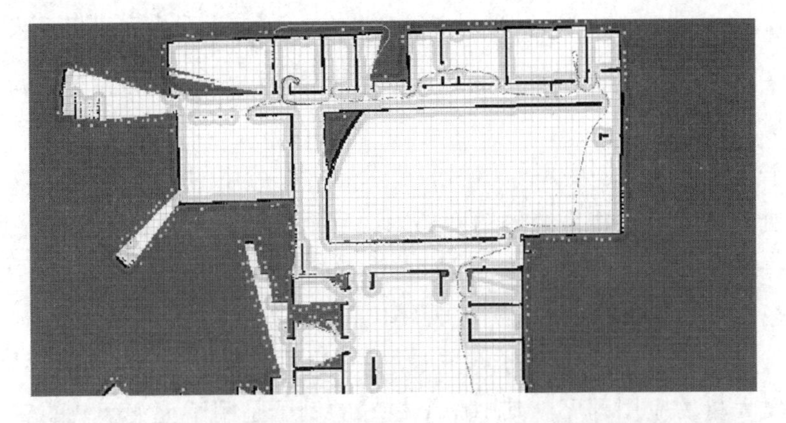

图 8-9　在模拟的室内环境中探索无人机的 SLAM 地图和轨迹结果

虽然激光扫描仪可以提供精确的深度信息，但它的成本高且使用复杂。因此，研究人员提出了一种配合使用 RGB-D 相机且基于 RGB 和深度图像的同时定位和映射方法，该方法利用 RGB-D SLAM 算法对摄像机进行定位，构建所使用测试环境的三维地图，其构建的系统可以实现相机的姿态和轨迹，此外，其采用了图表优化和闭环来消除累积误差。然而，在这种解决方案中，当摄像机移动过快时，会出现掉帧情况，检测到的点很少，因此该算法的性能和精度有待提高[①]。

在室内环境的情况下，在基于视觉的导航系统中，无人机的路径必须是先验已知的。在飞行任务开始之前，从无人机飞行路径的周围环境中获取数据并分析，以识别该路径的基本特征。从无人机视觉计算技术的使用中可以观察到，科研人员主要开发具有导航或碰撞检测 / 避免物体或障碍物能力的系统。值得注意的是，研究的重点通常在于那些不受控制和未知的室内环境的解决方案，有了解决方案便可以提高自主水平，但同时也会增加实现和合并这些系统架构的难度。另一个必须强调的重要研究方向是在平台上考虑多个无人机与环境（或它们之间）的交互关系是协作的抑或是独立的。

8.4.3　室外环境

由于环境的多样性和有待开发的大量的应用，用于户外无人机的视觉计算技术具有更广泛的应用范围。然而，这些技术往往具有较高的计算成本，因为它们必须处理传感器在不受控制的环境中获取数据的实时变化。这些系统在其

① 李良福 -. 智能视觉感知技术 [M]. 北京：科学出版社，2018.06:254-258,

执行循环中通常也有多个组件，这些组件用来处理技术中所涵盖的各个部分的应用程序。这一点还需要研究人员付出更大的努力，通过优化系统结构来满足这些系统的时间需求。

对于定位问题，这些户外使用的技术通常有可用的GPS参考，以协助确定无人机的位置。这些系统的精度还取决于航天器的可见性卫星的数量。然而，这些基于GPS的系统不能在城市或森林等环境中提供可靠的解决方案，因为这些环境可能会降低无人机对现有卫星的能见度。

目前用于无人机的主要计算技术之一是模式检测，这种技术用途广泛，可以开发大量的应用程序。其中一个很好的例子是用于火灾区域的探测。图8-10为基于计算机视觉的森林火灾探测系统。

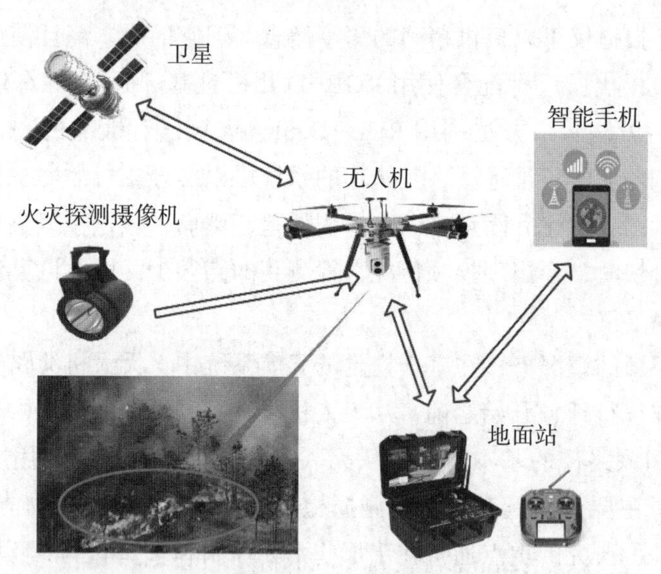

图8-10 基于计算机视觉的森林火灾探测系统

研究人员提出的监测和检测森林火灾的方法利用颜色特征和运动特征来提高森林火灾检测的性能和可靠性。运动和颜色因素分别采用光流方法和基于颜色的决策规则提取。在这项工作中，其使用的是安装在无人机底部的低成本摄像机来搜索和探测火灾。

利用色彩和运动特征检测森林火灾的方法如下：第一步是利用火焰的颜色特征提取火焰颜色像素作为候选区域；第二步是利用光流来计算候选区域的运动矢量，从光流的结果估计运动，以区分火灾和其他区域。通过对运动矢量进

行阈值和形态运算，得到二值图像，然后利用该方法在每幅二值图像中定位火灾，该技术在火灾探测中具有良好的性能和可靠性。

遵循检测技术的路线，研究人员提出了一种用于无人机的车辆检测和计数的解决方案。此方案有一个筛选区域，在此筛选区域下的无人机可以进行检测，从而降低错误率。其利用基于特征变换的资源提取过程对图像中识别出的关键点进行检测；之后使用一个分类器来确定图像中的哪些部分是汽车，哪些部分不是汽车；最后对属于同一辆汽车的关键点进行分组，进而计算出场景中出现的汽车数量。

由于环境变化的多样性，户外环境中使用的可视化计算应用程序也具有很强的多样性。随着科学技术的进步，无人机被广泛地用于各种任务，因此它们正在改变一些流程的执行方式，如输电线路的检查，甚至是光伏电池板的检查。然而，如此庞大的应用程序数量要求系统具有日益复杂和高计算成本的体系结构，这是计算机视觉户外应用中最重要的问题之一。因此，在一个应用程序循环中，需要使用几种算法来降低成本，缩短处理器的处理时间，并转向多个执行代理可用的应用程序。

第9章 展 望

9.1 智能机器人的发展展望

9.1.1 工业机器人的应用及未来展望

在工业领域中，机器人主要分为两种，一种是普通工业机器人，另一种是智能工业机器人。它们主要应用于自动化流水线作业或其他的危险作业，例如在有辐射危险的空间中作业、水下作业、管道作业及严寒炎热环境下的室外作业等。

早在20世纪40年代，工业机器人就已经被人类研发并使用，到十年后的50年代，工业机器人得到了广泛的应用，尤其是在日本更为普遍。自1980年以来，拥有专家系统的智能工业机器人开始出现在人们的生产生活中。它们能够代替某些高级技术人员完成一些工程师的工作，因此越来越受欢迎。目前，普通工业机器人和综合智能工业机器人得到了广泛的应用。它们在提高劳动生产率、工业生产质量和替代人类危险工作方面发挥着非常关键的作用。图9-1为一种机械臂工业机器人。

图9-1 工业机器人

在未来工业机器人的发展中，人们会将目光聚焦于改善民生的方向，致力于为人类减负。工业机器人必将逐步推广到民用生产领域，对提高社会整体生产力具有不可言喻的意义。发展工业机器人首先需要提高其模拟人类智能行为的能力；其次，更应该着重研究如何增强其逻辑思维推理能力。除了智能化，在多机协调和标准化等方面，工业机器人也有很大的发展空间。其中，多机协同是指不同的工业机器人可以相互协调，一起完成作业任务，以此来提高工作效率，而标准化对扩大生产规模与维护生产有一定的积极作用。总体来看，工业机器人的技术水平已经达到了较好的水平，但在一些环节上仍然有改进的空间，其发展潜力很大。

9.1.2 服务机器人的发展前景

1. 服务机器人的全面化

服务机器人的产生和发展与机械学、医学、材料学及生物学等学科密切相关。因此，为了进一步提高服务机器人技术，与其领域密切相关的学科和技术也应该迅速发展。服务机器人综合技术水平的提升将推动整个机器人产业的发展和进步。加快服务机器人的发展对于其相关学科、技术乃至整个行业及行业标准来说都有着推动作用，这就是服务机器人的综合性。如图 9-2 所示为医院、酒店及餐饮等行业服务机器人。

图 9-2 服务机器人

2. 服务机器人的智能化

同其他领域机器人一样，服务机器人也是向着智能化的方向发展。未来，先进的传感器技术、智能识别与感知技术、新材料及复杂功率控制技术等都会广泛地应用在服务机器人的身上。服务机器人实现智能化最关键的核心点就是智能算法。随着传感器技术的不断深入和精度的不断提高，它不仅可以快速处理传感器获取的信息，还可以提高服务机器人的智能化程度。同时，传感器技术的研究领域仍在持续拓宽，不仅涵盖了多智能、网络及虚拟技术，还包括临场等传感器技术。因此，想要实现机器与人和环境的交互，最重要的是突破智能感知和认知技术。机器视觉、超声波及激光雷达等技术的应用将使机器人能够在复杂的环境中获取大量的数据信息，在高效的计算能力下对数据进行分类汇总，选取可靠有效的信息。

与传统材料相比，新型材料具有更好的性能。例如，SMA 这种新型材料的电阻和形状会随着温度的不同而改变，当将其应用于机器人时，它能够很好地完成传感和驱动任务，这样一来，机器人的反应将更加灵活。未来，服务机器人的应用领域一定会逐渐扩大，同时还会提高任务的要求，工作环境的变化也会越来越复杂，这就要求服务机器人的动力学、适应性和承载能力要不断提升。传统的动力学方法很难提高机器人的承载能力，因此，有必要对复杂动态控制技术进行深入研究，加深其在机器人中的应用。

3. 服务机器人的市场化

想要推动服务机器人在市场上的份额，需要考虑其全面化、智能化，协同推进机器人的市场化。与此同时，要实现市场化，服务机器人行业在制定好行业规范和指南的基础上，必须要得到公众的认可和接受，这是一个需要长时间才能形成的过程。智能家居中出现的服务机器人，实现了服务机器人市场化以及服务性、实用性与综合性的全面结合，实现了城市、生活与智能技术的无缝对接。

4. 服务机器人的人性化

未来，服务机器人将与人类更紧密地结合在一起。例如，使用一种特别的机械控制人工手臂在帮助患者获得触觉的同时，还可以完成各种复杂的动作。又如，只需患者的大脑想做什么，大脑就会发送一个信号并将其转换为一个命令来控制操纵器完成相应的工作。随着科技的快速发展，人机交互和人脸识别技术的逐步提高，人与机器人的融合不断深化。与此同时，机器人技术和功能越来越强大，这也将促进人与机器人之间的交互，实现服务机器人的人性化。

9.1.3 军用机器人的发展前景

军用机器人是一种在军事方面具备一定模拟人类功能的自动化智能机器。

被称为军事机器人，然而中国大多数人主要称之为军用机器人。从物资运输到搜索探索和实战打击，军用机器人得到了广泛的应用。在未来战争中，智能化机器人士兵可能成为未来军事行动的绝对主力。

1. 军用机器人的应用

世界各国的军事部门都增加了对军用机器人的关注，对其投入大量资金。近年来，军用机器人发展迅速，在多个方面都取得了重大突破。大多数军用机器人都具有人形和一定的作战能力。军用机器人通常用于作战、侦察、扫雷、后勤保障等，因此，它们有各种各样的传感器，如"耳朵"和"眼睛"、行走的机械脚和执行战斗任务的机械手。

例如，美国研制的军用机器人"MAARS（魔爪）"就是作战机器人，如图 9-3 所示，它可以对战场上简易的爆炸装置进行拆除，还可以侦察、操作 CBRNE 等危险品，支援战斗工程和辅助 SWAT/MP 部队等任务。其中，MAARS 是通过遥控来进行控制的，包括传感器、机械臂，同时其模块化设计是它的控制器能够装备各种武器的基础，其中包括了非致命的激光（用来迷惑敌人）以及催泪瓦斯，乃至一个榴弹发射器。

图 9-3 MAARS 军用机器人

2. 军用机器人的未来展望

未来军用机器人的发展应突破模式识别的障碍，通过计算机或其他设备自动识别战场上的物体、环境、语言及文字等信息。它不仅可以清楚地识别目标的属性、目标与目标之间的关系以及目标的精确地理位置，还可以实现人与机器人之间的交互。

未来，人们将采用更高水平的人工智能技术，开发更先进的智能军用机器人，使用更先进的传感器，提高机器人对周围环境的感知能力和感知后的灵活响应力。刚性结构将逐渐被柔性结构所取代，以此来提高机器人的战场柔性。如果每个机器人都能具有多种功能和用途，那就可以减少专业类别机器人的数量，提高军用机器人的水平，并使每个组件标准化、通用化和模块化。例如，人形军用机器人的外形是根据人体外形设计的，它们拿起武器就能战斗，拿着工具就能工作。又如，枪炮机器人是一种带有计算机的枪炮作战平台，可以配备任何枪支或导弹，也可以承担后勤保障工作。

就未来武器和高科技武器的发展趋势而言，军用机器人也将与多种武器互相组合。例如，将光电传感、高速处理和人工智能等技术进行集成，使其拥有和人类相似的逻辑、分析等综合能力，能够迅速识别战场环境并对目标进行检测，最终做到快速响应。又如，智能导弹、智能炮弹、智能飞机和智能水雷都是智能武器，军事机器人还将与海上的浮岛航空母舰和水下航空母舰（潜水航空母舰）相结合，以提高其战斗力。军用机器人将在未来战场上重点发展空间武器，如空天母舰和航天母舰（图 9-4 为一种航天母舰概念图）等，特别是“空天母舰”具有在大气层中飞行和在外空作战的能力，其机动性远高于航天母舰。军用机器人发展如此之快，最主要的原因是机器人不会疲劳，不会窒息，并且具有良好的隐蔽性，它们在战场上的优势更大。根据目前人工智能发展的水平来看，未来的智能化战场已成为可能。

图 9-4　航天母舰概念图

9.1.4 其他智能机器人的展望

根据智能化的程度，可以从三个方面来概述智能机器人的发展。首先，从横向来看，从95%为工业应用到更多领域的非工业应用，如外科手术、水果采摘、修剪、道路挖掘、侦察、排雷，以及空间机器人和水下机器人，机器人的应用越来越广泛。机器人的应用是无限的，只要你能想到它，你就能创造并实现它。其次，从纵向上来看，有越来越多的机器人种类。其中，微型机器人进入人体已经成为一个新的方向，并且已经研发出了微型胶囊。最后，提高智能机器人的智能水平，使机器人更加智能。机器人的发展史和人类文明进化史一样，都是在不断努力地向好发展。原则上，有意识机器人是机器人的高级形式，意识可分为简单意识和复杂意识，复杂认识是人类独有的一点，而如今最先进的有意识机器人也只是仅仅具有一些简单的意识，具有复杂意识的智能机器人也将会成为人类研究的最终目标。

人类在学习和生活中不断收获着各项能力的经验，并逐渐转化为自身内在的技能。同时，人类可以在不断学习的过程中提高自身的能力，并且将获得的能力放在自身记忆之中。面对需要执行的任务时，可以根据自己掌握的经验独立选择某项能力来完成任务。例如，在篮球比赛中，运动员的最终目标是得分，但首先会选择运球、传球和投篮来实现目标。在智能机器人领域，机器人学习将会受到越来越多的关注，因此如何使机器人像人类一样拥有人类的学习方法和思维过程将成为科技人员关注的焦点。

9.1.5 互联网背景下智能机器人的发展

1. 物联网机器人的发展现状

目前，随着我国机器人产业化发展速度的加快，无论是在帮助老年人和残疾人的医疗服务，或是太空、深海和地下等危险工作环境领域，还是精密装配等高端制造领域，都急需通过机器人的介入来提高工作环境的适应力和灵活性。在科技迅速发展的背景下，云计算和物联网应运而生，伴随而来的技术、概念和服务模式也在一步一步地改变着人们的生活。作为一种新的运算方法，机器人的工作模式也在发生着改变。作为高科技领域中的重要产业，应当充分发挥云计算和物联网的功能，提升智能化和服务水平，感受其带来的变革，从而促进我国机器人产业领域的创新和发展。

随着无线网络和移动终端的普及，机器人能够在不考虑自身运动和复杂工作环境造成的网络布线困难的情况下连接到网络。同时，多机器人网络相互连接为机器人协作提供了便利。云机器人系统充分利用网络，采用开源、开放、众包的发展方式，在很大程度上拓展了早期的在线机器人和网络机器人思维，提高了机器人的工作能力，拓展了机器人的应用范围，加快和简化了机器人系统的研发步骤，减少了机器人的研发和使用成本。尽管现阶段对这方面的研究工作刚开始进行，但在无线传感技术、网络通信技术以及云计算技术的全面发展下，云机器人的研究将逐渐走向成熟，促使机器人应用朝着更实用、更亲民的方向发展。

虽然物联网技术发展很快，但当前的研究方式相对独立。在物联网领域，现有的研究主要针对智能识别、定位、跟踪、实时监控和管理等方向，但是值得注意的一点是，其在很大程度上并不能够实现智能移动和自主工作。在服务机器人领域，大部分的研究工作都集中在提高机器能力上，然而，由于硬件、软件和成本的限制，当机器人的感知和智能发展到一定的程度，改进机器人的技术难度将成倍增加。

事实上，作为信息物理融合系统的实际例子，将物联网技术与智能机器人技术有效结合，搭建物联网机器人系统，突破物联网和智能机器人的研究难题，可以实现优势互补：一是由感知层、网络层和应用层组成的物联网架构为智能机器人的全局感知和整体规划提供了基础，填补了机器人智能感知范围和运算能力的不足；二是机器人具有移动性和可操作性，可以作为物联网的执行部分，这样一来智能机器人便有了主动服务的能力。

总体来说，发展物联网机器人系统是物联网技术拓展自身功能的主要途径。同时，智能机器人在日常服务环境中，提供高效、智能的服务，尤其是在大面积、强动态的复杂服务环境中，如环境监测、应急处理及日常生活救助等也是一个可行的发展方向。

当前，世界范围内的研究机构和科研人员对物联网机器人系统的研究才刚刚开始。由于物联网机器人系统的研究内容和应用领域更宽泛，因此研究阶段存在的问题和挑战也会更多、更大。目前，物联网和服务机器人的研究还处于初级阶段，将以上两者结合起来搭建物联网机器人系统的研究也刚开始进行，还有许多需要解决的问题，如物联网机器人系统的架构、感知和认知、复杂困难任务的调度和规划以及系统标准的制定问题。

2. 认知机器人的发展

在云计算和物联网环境下的智能机器人在感知和认知的学习过程中一定会面临大量的机遇和挑战，其中当属大数据的处理最为复杂。大数据可以通过海量数据访问、统计、智能分析推理以及机器深度学习有效地促进智能机器人感知和认知技术的进步；云计算允许机器人在任何时间处理海量数据。由此可见，云计算和大数据为智能机器人的发展提供了基础和动力。

认知机器人是新一代具有与人类相似的高级认知能力的机器人，其能够适应复杂的环境，完成复杂的任务。因此，我们应该抓住云计算和物联网的大数据发展时机，大力推动认知机器人技术的研究。基于认知的思想，机器人不仅能够有效解决目前存在的缺点，进一步提升其智能程度还具备与人类相同的脑－手功能，将人类从复杂和高危的工作中解放出来，这从来都是人类最期待的理想状态。脑－手运动感知系统有着确切的功能映射联系，它是探索人类大脑奥秘的重要部分，在理解脑－手动作的控制本质时，有望从神经、行为和计算的角度深入了解大脑神经运动系统的认知功能，解开大脑与手部之间的协同关系，从而取得突破，这都会对理解脑－手运动感知系统的信息感知、编码和脑区协调提供支持[①]。

当前，国内基于认知机制的仿生手实验平台较少，对仿生手的研究大多没有充分理解脑科学领域的研究。事实上，基于脑－手运动感知系统对视觉、触觉、力等多模态信息的感知、交互、融合、学习和记忆，使得人手可以在动态、不确定的环境下灵巧操作应对极其复杂的任务。因此，将人类的脑－手动作感知系统的协同认知机制用于仿生手的研究是目前高度智能化机器人发展的方向。

9.2 智能感知技术的发展现状与未来展望

9.2.1 智能感知技术的发展现状

通常来说，一个有效的人工智能系统是基于其感知、记忆和思维能力，以及学习、适应和自主行为能力，凭借其在复杂场景中的动态智能感知能力，利用多源信息融合技术，跨时间和空间收集并融合相同与不同的感知信息，进行记忆、学习、判断和推理。在此基础上，才能实现基于经验判断和智能处理的

① 曹锦煌．浅谈人工智能机器人感知器官发展趋势[J]．建筑工程技术与设计，2018（5）：3240.

决策的发展[①]。

作为20世纪最伟大的研究发明之一，机器人研究在短短数十年间有着突飞猛进的变化。机器人不仅成为先进制造业必不可少的自动化智能设备，还以难以想象的速度渗透到海洋、航空、航天、军事、农业、服务及娱乐等领域。基于多源信息融合的智能感知是支持智能机器人的技术之一。智能机器人根据多传感器提供的多源同构或异构信息数据，通过智能信息处理，全面识别环境和物体的类别和属性，从而达到智能感知的目的，以便依据行为守则做出应有的行为决策。

1.无人驾驶汽车

自21世纪以来，无人驾驶汽车成为各地政府和各大中型企业鼓励的主要发展规划之一。无人驾驶实现了城市、环形道路和高速道路混合路况下的全自动驾驶，完成了减速、换道、超车、上下坡道及掉头等多种复杂行驶行为，实现在不同道路场景从进入高速（融入车流）到离开高速（驶离车流）的变道动作。智能传感是无人驾驶汽车的主要支持技术之一，它需要使用安装在车辆和道路上的各种传感器来获得路况和环境信息，并使用计算机的智能推理能力来识别路况和环境，最后实现完整的自动驾驶的动作。

未来的自动驾驶汽车和智能交通系统对智能感知技术的要求更高，需求更多。在21世纪初，自动驾驶汽车已显示出趋于实用化的态势，其依托智能传感技术，实现全面、独立的协同工作。智能交通系统也将实现全天候、精确、高效的综合交通管理，同时这也就需要更大范围的智能感知，不仅需要感知当前道路状况和环境，还需要智能感知该地区的车辆分布、天气变化和紧急时间等情况。

2.智能参战平台

现如今，为了提高武器平台的协同作战能力，世界发达国家需要在网络系统的支持下，充分发挥信息的纽带和桥梁作用，把参战武器平台连接成一个网络体系，其特点是结构严密、反应灵敏，并且能够充分发挥自身武器平台的优势，其中一个重要的任务是基于多传感器信息融合的网络系统态势感知。用于网络化系统态势感知的传感器通常有海防雷达信息、光学成像信息、声学探测传感器信息、电子侦察信息、宽幅成像卫星信息及技术侦察信息等。基于无线

① 王宇轩．智能感知与识别技术的发展现状和趋势 [J]. 中国新通信，2021,23(17)53-54.

传感器网络的密集、随机分布等特点，其非常适合监测环境复杂的战场环境，其中就包括了侦察敌情、监测部队、装备和物资，以及判断生化攻击等多种监测功能。

随着智能传感技术的发展，战场目标识别已经从单一的可见光传感（摄像机）发展出现代多光谱、前视红外（FLIR）、毫米波（MMW）雷达及合成孔径雷达（SAR）等传感手段。通常情况下，计算机进行目标识别的信息有目标的形状信息、运动信息和辐射信息（声音和电磁波辐射）等。

未来的多平台协同作战战术信息系统应该将各个平台间的武器协同数据信息链路（全向或定向）作为网络数据信息传输通道，支持各作战平台在作战过程中共享智能感知信息，从而实现协同检测、协同攻击以及协同防御的目标。

3. 智能环境监测

随着人们对环境问题越来越重视，无线传感器网络的出现为环境意识研究提供了便利，同时也可以避免传统数据采集方法对环境造成的入侵性损害。无线传感器网络能追踪候鸟和昆虫的迁徙，还可以对大气、土壤以及海洋的成分进行监测。此外，它还可以用于精准探索农业环境变化对农作物的影响，监测作物中的害虫、土壤 pH 值和施肥情况等。

4. 现代感知系统

获得充分的传感信息和特征信息数据是现代智能传感系统的主要技术手段。每个传感器所获取的信息都有不同的特征，从每个传感器信息中提取物体的各个特征是智能传感的主要任务。正如孩子生下来认识母亲时，需要获得母亲的各种形象和语音特征一样。

得到物体和环境的各个特征的过程从根本上来看是一个记忆和学习的过程。自然界中，人和其他动物的记忆和学习机制还未被发现。目前快速发展的深度学习方法是实现记忆和学习过程最有效的方法。深度学习的思路源于对人工神经网络的研究，其架构是含有多个隐藏层的感知器。深度学习结合低级特征形成更抽象的高级表示特征，以此来探究如何表示数据的分布式特征。例如，目标物体不变矩特征的提取和学习就是从数字图像中计算矩阵并获得图像不同类型的几何特征信息的过程；对目标的速度、高度和机动性等特征的获取与学习就是目标运动特征提取与学习的过程；对目标的电磁辐射、音频辐射以及带宽特征或是其他隐含信息特征的获取与学习就是目标辐射特征获取提取与学习的过程。

在获得物体和环境的各种特征后，智能感知还有个非常重要的任务，就是判断和推理。事实上，各个传感器只能获得目标和环境的一部分特征信息，而到底如何通过获取的各种特征信息来识别目标和环境的类别和属性，还需要多传感器信息数据融合的判断和推理能力。多传感器信息融合的基本原理是根据一定的准则，将空间和时间上的冗余或互补信息充分结合，以此获得对感知目标的统一性理解或描述，最终完成智能感知任务。现代智能感知系统需要模拟人和其他动物的认知机制，完成目标特征提取和智能推理的过程。人与其他动物理解自然界客观物体的多传感器信息融合机制同样还没有被揭示，但人工智可以通过机器视觉、机器听觉、机器触觉和感知信息融合的技术模拟人与其他动物的认知过程，因此需要创建一个新的理论框架来解释认知的基本架构。其中判断和推理的方法有很多，如概率推理、模糊判断和证据理论等。

9.2.2 智能感知技术的发展瓶颈

目前的智能感知与识别技术较以往来说已经有了非常大的进步，但在发展中也存在一定的问题[①]。

（1）在语音识别技术的研发上已经对该技术进行了很大的改进，该技术的识别率也有了很大水平的提高，但如果在语言识别过程中周围环境噪声较大，仍然会影响识别的准确性。此外，每个人的声调、断句的习惯都不同，不同的情绪也会影响语调和说话速度，这会干扰语音识别的准确性，即语音识别中可能会存在一些错误。

（2）机器人可以理解一些详细而又具体的命令。例如“将水杯放在前方 1 m 远、30 cm 高的桌子上”，智能机器人完全可以精确地完成拿取任务，但是如果说“口渴”的话，智能机器人的理解能力并不能保证它能准确无误地完成任务。恰恰是因为并不理解这句话的真正意思，所以在执行命令的过程中会出现某些问题，也正因如此，智能识别并不能真正实现智能。

（3）在生物的特征识别领域也存在一定的问题，主要是识别精度的问题。虽然生物特征识别的准确率有了很大的改善，但仍然存在一些不足。例如，指纹识别无法准确地识别带有水的手，双胞胎的人脸识别精确度也存在问题。

（4）在图像识别领域，其准确性有一定差距。例如，在无人驾驶汽车行驶时，如果摄像设备没有捕捉到前方道路上的障碍物，则图像识别技术会进行自

---

① 邹丹平，郁文贤．面向复杂环境的视觉感知技术现状、挑战与趋势[J]．人工智能，2021(4)：104-117.

主判断，判断其前方道路无障碍，径直地向前行驶，这样一来将造成严重损失。此外，在雨天或雾天，无人驾驶车辆的识别技术也会严重受到影响，同样会降低技术可靠性。

9.2.3 智能感知技术的未来展望

未来智能感知技术的发展应首先将关注点放在智能机器人上，[①] 未来的智能机器人将拥有各种智能传感系统以及更高程度的机器视觉、听觉、触觉和嗅觉，最重要的是具备更强大的“大脑”来进行学习推理。此类智能机器人可以完全理解人类的语言，能够根据感知到的信息进行智能判断和推理，组成与人类极其类似的感知模式。但在环境理解的全球定位、目标识别和障碍物检测等方面还有很多问题需要解决。

1. 生活中的智能感知

如今我们早已步入了互联网时代，而人工智能也成为人们生活生产中必不可少的重要技术。同时，它提高了人们生活水平，为实现智能生活奠定了坚实的基础。生物特征识别技术可以用于酒店房客的身份认证和管理，不仅可以保证个人安全，还能做到实时的安全监控。此外，许多机场、地铁站和火车站现在都采用了人脸识别技术，乘客可以直接“刷脸”在机器上购票和取票，减少了工作人员的工作量。识别技术还为抓捕罪犯提供了帮助，当犯罪嫌疑人出现时，可以先检查机场和火车站的人脸识别系统，如果系统已经储备了犯罪嫌疑人的面部特征，警方可以直接检查这些地点的面部识别系统，这样可以快速找到犯罪嫌疑人的下落，提高了警方破案和抓捕罪犯的高效性和准确性。

2. 运用于输入 / 输出系统

输入 / 输出系统是最常见的应用智能识别技术的地方。例如，语音识别技术可以用作访问控制系统，面部识别、指纹或瞳孔技术也可以用作访问控制系统。众所周知，密码是会被盗取的；在窃取密码后，盗窃者就可以控制密码的输入和伪造密码，这将给人们造成严重危害。然而，语音识别技术可以有效地防止盗窃，因为每个人的声音都有不同的特点，虽然我们的耳朵听不到任何不同，但语音识别技术可以精确地识别出停顿的音调和句子的差异，以保证信息的安全。语音识别可以防止故意偷窃和改变录音声音，并且检测识别不需要过于复杂的流程，也不需要高投入，同时，它可以为信息的安全和完整性提供有

① 韩崇昭 . 智能感知的现状与未来 [J]. 自动化博览，2017,34（A1）：10-13.

效的保护，并在防止失真方面发挥重要作用。未来，智能感知和识别技术将更广泛地用于输入 / 输出系统，并发挥更重要的作用。

3. 运用于门禁系统

目前，许多商业建筑都使用智能识别技术来管理访客，主要是收集和识别游客信息，以及与数据库数据进行比较，以完成访客识别任务。例如，管理者可以将访客的音频信息输入数据库，获得每个人的“名片”进行语音识别，而访客再来时直接使用语音识别卡就能进入这栋楼了。这种形式的认证方式更方便、更经济，不会把访问者置于不舒服的位置，还能使管理更加高效。

许多大型商业楼都配备了快速通道，主要是为了保证企业和员工的安全，但是工作人员每次进出都需要经过认证。如果使用语音识别技术快速管理门禁系统，既可以提高验证的效率，还能减轻工作人员的工作负担。此外，如果员工已经离职，可以直接删除员工信息，如果有新员工或临时访客，可以通过系统轻松创建音频文件，以便快速访问。

4. 应用于物联网

物联网是信息技术（IT）行业的第三次革命。它由信息传感器、GPS 及红外传感器等多种设备和技术组成，实现对物体的智能检测、识别和管理。没有智能识别就无法准确定位目标，也无法跟踪它们，这种类型的物联网不是一个完整的系统，也不能工作。当前人们对物联网的需求正在增加，因此有必要进一步发展感知技术，这也是未来智能感知和识别技术发展的主要方向。

这些物联网应用对传感器和微处理器控制单元（microprocessor control unit, MCU）有一定的要求具体有以下四点：

（1）智能车辆需要很多先进的传感技术，包括运动传感、速度 / 位置传感、轮胎压力传感和高级驾驶辅助系统 / 驾驶员监测。同时，还需要交叉应用控制技术。

（2）在智能城市和能源方面，智能路灯需要依靠传感器来感知运动的物体，对 MCU 的需求中包括使用 LED 灯进行颜色和亮度控制以及通信管理；楼宇自动化对传感器的需求包括位置传感、语音交互、城市测量和导航，对 MCU 的需求包括控制、通信管理和传感器管理。

（3）在智能工业和商业中，工厂自动化对传感器在速度和位置传感、角度和压力测量等方面有着较高的要求，同时，还需要单片机进行自动控制。

（4）在智能家居以及消费类设备等方面，智能家居对传感器的需求包括语音感应（报警触发）、智能抄表、位置感应、城市导航和压力感应，对MCU的需求包括控制、通信管理和传感器管理。

5. 应用于康复设备

现在，一些设备能够接收肌电信号，并根据人类发出的肌电信号做出反应。例如，机器人可以根据它发出的肌电信号消除人体中存在的危险因素。此外，肌电技术能够在很大程度上帮助残疾人更好地生活。虽然残障人士的肢体不完整，但他们的肌电信号仍然是正常的，如果在他们身上安装一个假体装置，肌电技术可以帮助他们像正常人一样活动，但这里我们说的是由后期事故造成的缺陷，如果是先天残疾或肢体失去时间过久的人，他身体产生的肌电信号是存在问题的，不一定是准确的肌电信号，因此单靠肌电技术很难恢复活动能力。这里有必要将脑电和肌电相结合来解决以上问题，因此未来的智能传感和识别技术也将在脑电和肌电研究中发挥更大的作用。

9.2.4 总结

总的来说，智能感知与识别技术都有着良好的发展前景和广阔的应用前景。这项技术的发展对有效提高人们的工作效率和工作质量有着极大的帮助，人们也可以获得更高质量的服务。因此，人们越来越重视这项技术，也越来越重视它的发展。尽管智能感知技术的发展现状很好，但也存在一些需要突破的瓶颈，只有突破这些瓶颈才能够更好地促进这项技术的开发和应用，从而将智能感知技术推向更高的发展水平，为我国科学技术的发展提供强有力的帮助。

参考文献

[1] 童俯 . 人工智能 [M]. 北京：清华大学出版社，1998.

[2] 查罗纳 . 人工智能 [M]. 肖斌斌，译 . 北京：生活 · 读书 · 新知三联书店，2003.

[3] 史忠植，王文杰 . 人工智能 [M]. 北京：国防工业出版社，2007.

[4] 焦李成，刘若辰，慕彩红 . 简明人工智能 [M]. 西安：西安电子科技大学出版社，2019.

[5] （美）马尔科夫 . 人工智能简史 [M]. 郭雪，译 . 杭州：浙江人民出版社，2017.

[6] 周晓垣 . 人工智能：开启颠覆性智能时代 [M]. 北京：台海出版社，2018.

[7] 杨忠明 . 人工智能应用导论 [M]. 西安：西安电子科技大学出版社，2019.

[8] 陈万米，汪镭，徐萍，等 . 人工智能：源自 · 挑战 · 服务人类 [M]. 上海：上海科学普及出版社，2018.

[9] （澳）托比 · 沃尔什 . 人工智能会取代人类吗？ [M]. 闾佳，译 . 北京：北京联合出版公司， 2018.

[10] 解仑，王志良 . 机器智能：人工情感 [M]. 北京：机械工业出版社，2017.

[11] 王喜文 . 智能机器人 [M]. 北京：科学技术文献出版社，2019.

[12] 王亚平 . 智能机器人 [M]. 天津：天津科学技术出版社，2018.

[13] 肖南峰 . 智能机器人 [M]. 广州：华南理工大学出版社，2008.

[14] 王燕 . 智能机器人 [M]. 长春：北方妇女儿童出版社，1998.

[15] 广茂达编写组 . 智能机器人 [M]. 北京：中国社会出版社，2003.

[16] 汤嘉敏，邹亮梁 . 智能机器人基础 [M]. 上海：上海教育出版社，2019.

[17] 段峰作 . 智能机器人开发与实践 [M]. 北京：机械工业出版社，2021.

[18] 崔天时 . 智能机器人 [M]. 北京：北京邮电大学出版社，2020.

[19] 张春晓 . 智能机器人与传感器（高职）[M]. 西安：西安电子科技大学出版社，2020.

[20] 郭彤颖，张辉 . 机器人传感器及其信息融合技术 [M]. 北京：化学工业出版社，2017.

[21] 高国富，谢少荣，罗均 . 机器人传感器及其应用 [M]. 北京：化学工业出版社，2005.

[22] 余伶俐，周开军 . 导航机器人传感器融合、异常诊断及任务规划方法 [M]. 北京：电子工业出版社，2015.

[23] （沙特阿拉伯）安尼斯 · 库巴，（德）阿卜杜勒 · 马吉德 · 哈利勒 . 协同机器人与多传感器网络 [M]. 北京：电子工业出版社，2019.

[24] 基于视觉传感器的室内轮式机器人关键技术 [M]. 合肥：中国科学技术大学出版社， 2018.

[25] 谢剑斌，陈章永，刘通，等 . 视觉感知与智能视频监控 [M]. 长沙：国防科技大学出版社，2012.

[26] 明悦 . 视听媒体感知与识别 [M]. 北京：北京邮电大学出版社，2015.

[27] 冯涛，郭显 . 无线传感器网络 [M]. 西安：西安电子科技大学出版社，2017.

[28] 陈继光 . 无线传感器网络关键技术及应用 [M]. 成都：电子科技大学出版社，2018.

[29] 穆克帕德亚 . 智能感知、无线传感器及测量 [M]. 梁伟，译 . 北京: 机械工业出版社，2016.

[30] 姜香菊 . 传感器原理及应用 [M]. 北京：机械工业出版社，2020.

[31] 齐凤河 . 传感器原理及应用 [M]. 哈尔滨：哈尔滨工程大学出版社，2020.

[32] 陈文仪，王巧兰，吴安岚 . 现代传感器技术与应用 [M]. 北京：清华大学出版社，2020.

[33] 张宝昌，杨万扣，林娜娜 . 机器学习与视觉感知 [M]. 北京：清华大学出版社，2016

[34] 杨利作 . 传感器与机器视觉 [M]. 北京：电子工业出版社， 2021.

[35] 汤青 . 视觉传感及其应用 激光传感器与工业机器人的结合 英文版 [M]. 杭州：浙江大学出版社， 2011.

[36] （美）伯特霍尔德·霍恩 . 机器视觉 [M]. 王亮，蒋欣兰，译 . 北京: 中国青年出版社，2014.

[37] 孙学宏，张文聪，唐冬冬 . 机器视觉技术及应用 [M]. 北京：机械工业出版社，2021.

[38] 朱爱梅 . 机器视觉技术及应用 [M]. 北京：北京理工大学出版社，2020.

[39] 宋丽梅，朱新军 . 机器视觉与机器学习 [M]. 北京：机械工业出版社，2020.

[40] 高敬鹏，江志烨，赵娜 . 机器学习 [M]. 北京：机械工业出版社，2020.
[41] 迷迭香 . 机器学习 [M]. 呼和浩特：内蒙古人民出版社，2005.
[42] 常虹 . 机器学习应用视角 [M]. 北京：机械工业出版社，2021.
[43] 袁景凌，贲可荣，魏娜 . 机器学习方法及应用 [M]. 北京：中国铁道出版社，2020.
[44] 闫石 . 漫话人工智能 2—神经元模型和感知机 [J]. 无线电，2020（12）：75–78.
[45] 刘玉良，戴凤智，张全 . 深度学习 [M]. 西安：西安电子科技大学出版社，2019.
[46]（美）特伦斯·谢诺夫斯基 . 深度学习 [M]. 姜悦兵，译 . 北京：中信出版社，2019.
[47] 邱锡鹏 . 神经网络与深度学习 [M]. 北京：机械工业出版社，2020.
[48] 袁祖龙，李会军，宋爱国，等 . 基于视觉 / 力觉辅助的遥操作系统研究与实现 [J]. 测控技术，2018，37（6）：112–116.
[49] 柏俊杰 . 触觉感知交互与应用技术 [M]. 重庆：重庆大学出版社，2019.
[50] 黄风 . 工业机器人力觉视觉控制高级应用 [M]. 北京：化学工业出版社，2019.
[51] 殷跃红 . 智能机器系统力觉及力控制技术 [M]. 北京：国防工业出版社，2001.
[52] 安森美 . 半导体智能感知技术推动汽车、机器视觉、边缘人工智能的发展 [J]. 传感器世界，2019，25（7）：19–23.
[53] 赵祥模，史昕，惠飞 . 网联车辆协同感知与智能决策 [M]. 北京：科学出版社，2019.
[54] 颜功兴 . 智能假肢感知与控制技术研究 [M]. 延吉：延边大学出版社，2020.
[55] 王田 . 自动驾驶传感器技术 [J]. 汽车世界（车辆工程技术），2020（1）：16.
[56] 刘旖菲，胡学敏，陈国文，等 . 视觉感知的端到端自动驾驶运动规划综述 [J]. 中国图象图形学报，2021，26（1）：49–66.
[57] 陈孟元 . 移动机器人 SLAM 目标跟踪及路径规划 [M]. 北京：北京航空航天大学出版社，2017.